微波光子信道化接收技术

陈 博　翟伟乐　高永胜　著

西安电子科技大学出版社

内 容 简 介

　　传统的射频接收机面临带宽受限、频率可调性差、隔离度差、电磁干扰严重等电子瓶颈，逐渐难以满足未来电子系统发展的需要。微波光子技术具有大带宽、宽频段、可调谐、高隔离度、无电磁干扰等显著优势，可有效克服电子瓶颈限制，满足未来雷达、无线通信、电子侦察与对抗等领域的发展需求，而基于微波光子的信道化接收技术是实现超宽带射频信号瞬时完整接收的使能技术。本书内容主要分为两部分，前半部分主要介绍了目前微波光子信道化接收技术存在的一些技术难题，后半部分针对上述技术难题展开研究，设计并验证了三种基于不同原理的信道化接收方案。

　　本书可供信息与通信工程专业研究生参考使用，或作为微波光子领域从业人员的参考资料。

图书在版编目（CIP）数据

　　微波光子信道化接收技术 / 陈博，翟伟乐，高永胜著. -- 西安：
西安电子科技大学出版社, 2024. 12. -- ISBN 978-7-5606-7454-4

　　Ⅰ. TN201；TN85

　　中国国家版本馆 CIP 数据核字第 202404S5H4 号

策　　划　刘玉芳
责任编辑　刘玉芳
出版发行　西安电子科技大学出版社（西安市太白南路 2 号）
电　　话　（029）88202421　88201467　　　邮　　编　710071
网　　址　www.xduph.com　　　　　　　电子邮箱　xdupfxb001@163.com
经　　销　新华书店
印刷单位　陕西天意印务有限责任公司
版　　次　2024 年 12 月第 1 版　　　　　2024 年 12 月第 1 次印刷
开　　本　787 毫米×1092 毫米　1/16　　印　张　7.5
字　　数　150 千字
定　　价　30.00 元
ISBN 978-7-5606-7454-4
XDUP 7755001-1
*** 如有印装问题可调换 ***

前　言

　　在传统的雷达、通信、电子战等系统中，通常采用传统的电子技术对微波信号进行处理。未来信号的瞬时带宽将达到 10 GHz 级别，传统的电子技术很难直接处理如此大带宽的信号。为了提高系统性能，雷达、通信、电子战等系统正朝着高频段、大带宽的方向发展。信道化接收机可将大带宽信号划分成多个窄带信号来降低后端的处理压力，从而间接完成大带宽信号的处理。然而，早期的信道化接收机是由电模拟器件组成的，大多存在信道均衡性差以及硬件体积、重量和功耗大的问题。而数字信道化接收机可解决电模拟信道化接收机所存在的问题，但受限于现有模/数转换器的性能，数字信道化接收机也很难满足高频段、大带宽信号的处理要求，这严重制约了雷达、通信、电子战等系统的进一步发展。

　　作为新兴交叉学科，微波光子学主要研究工作在微波毫米波段的光学设备，这类设备通常具有大带宽、低损耗、无电磁干扰、体积小与重量轻等优点，因此可利用微波光子技术研制信道化接收机来解决电信道化接收机所面临的难题。微波光子信道化接收机一方面可将宽带信号划分为多个窄带信号，另一方面可将多个窄带信号下变频至同一中频，实现同中频的信道化接收。由于微波光子信道化接收机很好地解决了电信道化接收机所面临的难题，因而近年来逐渐受到国内外学者的广泛关注。

　　本书中，作者针对未来电子系统高频段、大带宽的发展需求，研究了微波光子信道化接收机及其关键技术，主要介绍了基于双相干光频梳的同中频接收、基于单光频梳的零中频接收以及基于声光调制器的移频接收这三种信道化接收方案及相关技术。

　　本书由咸阳师范学院陈博副教授和西北工业大学翟伟乐副教授、高永胜副教授合作完成。其中，第 1 章由高永胜撰写，第 2 章由翟伟乐撰写，第 3～6 章由陈博撰写。本书的出版得到了咸阳师范学院重点学科建设经费、咸阳师范学院专业建设经费、咸阳师范学院学术著作出版基金的资助。

　　由于作者水平有限，书中不妥之处在所难免，敬请广大读者指正。

著　者

2024 年 4 月

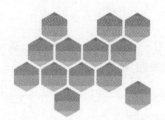

目　录

第 1 章

绪　　论

本章主要介绍了宽带射频接收系统的发展趋势以及存在的问题，从而引出了信道化接收机的优势及其发展现状，最后简要介绍了本书的研究内容及创新点。

1.1　研究背景

1.1.1　宽带射频信道化接收技术概述

随着通信技术的不断发展，各类通信领域对信号带宽的需求也与日俱增。例如，在民用领域中应用广泛的多功能宽带通信业务，以及军事领域中的雷达系统和电子战系统等，对信号带宽都要求在吉兆赫兹(GHz)级别以上，而且在未来的发展中也希望其工作带宽越大越好，因此如何实现超宽带射频信号的实时接收和处理是当前通信领域面临的一项重大难题。

目前常规的低频无线频谱资源已经分配殆尽，卫星通信中主要应用的是 C 频段(4～8 GHz)和 Ku 频段(12～18 GHz)，但由于卫星通信业务的不断增加导致这两个传统波段的频谱资源如今也已经告急，因此研究人员把目光投向了相对空闲的 Ka 频段(26.5～40 GHz)，对 Ka 频段频谱的合理利用是目前研究的热点。

传统的微波信道化接收机通常可以分为超外差、零中频两种典型结构，其原理图如图1-1 所示。由于它们利用窄带带通滤波器滤除干扰信号，因此只能接收满足频率限定条件的窄带信号。为实现超宽带通信和对未知多频点信号的实时侦测，宽带射频信道化接收机应运而生。一台性能优越的射频信道化接收机不仅要具备大瞬时工作带宽，还需要大动态范围和大数量的子信道。其中，大瞬时工作带宽意味着可最大限度地覆盖未知信号的频率范围；大动态范围主要用于侦测微弱信号；而子信道的数量决定了该信道化接收机能同时接收的不同频点的信号数量。

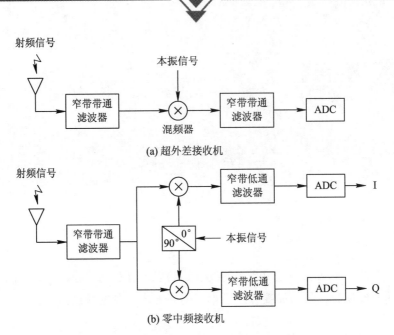

图 1-1　电模拟信道化接收机结构原理图

传统的微波信道化接收机的主要缺陷可概括为以下三点：

第一，由于传统微波器件自身的质量和体积较大，因此信道化接收机显得非常笨重，特别是随着子信道数量的扩展，这一缺陷尤为突出。

第二，传统微波器件在高频范围内的插损较大，这也导致整个系统工作时的功耗过大，且这些微波器件具有明显的频率依赖性，各频段通用性差。

第三，由于每个子信道难以保证幅度和相位平衡，因此子信道间的均衡性较差。

到了 20 世纪 90 年代，随着数字信号处理技术和模/数转换技术的突破，数字信道化接收机的优势得到了彰显。由于数字信道化是利用各种芯片集成构建数字滤波器阵列，因此在接收信号的灵活性和稳定性这两方面具有显著优势。

对于数字信道化接收机而言，模数转换器(Analog-to-Digital Converter，ADC)的性能直接决定了接收机的性能。通常要求 ADC 不仅具有高采样率、高线性度，同时还具有大带宽。然而，传统的 ADC 技术受固有的电子瓶颈限制难以同时满足上述需求，特别是随着通信、雷达、电子战等领域对所要处理的射频信号的带宽需求增加到几 GHz 甚至十几 GHz，ADC 技术面临更为严峻的挑战。为了满足未来大带宽信号处理的需求，研究人员一方面通过不断改进制造工艺水平来提升 ADC 性能，例如不久前 Teledyne 公司发布了一款双通道 ADC 产品 EV12AD550，其转换速率为 1.5 Gs/s，模拟输入带宽为 4.3 GHz；另一方面也在寻求新的采样方式实现宽带信号的处理，例如多通道并行采样。但面对几 GHz 甚至十几 GHz 的宽带信号，数字信道化接收机也无能为力。

为了满足上述领域的发展需求，新一代的宽带射频信道化接收机必然向着高频段、大侦测范围、大瞬时接收带宽和大动态范围的方向发展，其性能指标要求如表 1-1 所示。此外，传统的微波信道化接收机受固有电子瓶颈的限制，在体积、质量、抗电磁干扰能力等方面都很难进一步实现有效优化，这些短板使其难以应对日趋复杂的电磁环境。随着光纤技术的快速发展，如何利用微波光子技术克服固有电子瓶颈限制、进一步提升宽带射频接收机的接收性能，具有重要的研究意义和应用价值。

表 1-1　未来宽带射频接收机的主要性能指标

指　标	数　值
工作带宽	> 50 GHz
瞬时带宽	> 5 GHz
动态范围	> 60 dB
接收机灵敏度	< −90 dBm

1.1.2　微波光子学的发展与优势

"微波光子学"这一概念提出于 1991 年，由于微波和光波的本质都是电磁波，因此微波光子学作为两者的桥梁可以实现微波和光波的相互切换，使两者实现优势互补。微波光子学通过光学方法，可实现微波信号的产生、传输和处理，克服了信号在电域中难以解决的电子瓶颈，极大提升了系统对宽带信号的处理能力，同时有效减小了系统的体积和质量，在民用和军用领域都有着广泛的应用前景。

微波光子学的主要研究对象是毫米波，随着应用于毫米波的高速宽带光电器件发展的多样化，微波光子技术可解决诸多传统微波技术无法解决的难题。微波光子技术与传统技术的特点对比如图 1-2 所示。

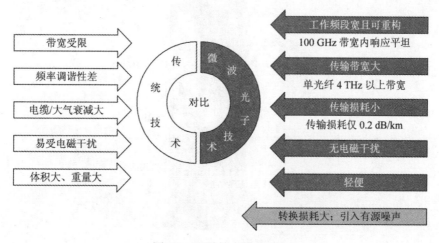

图 1-2　两种技术特点对比

简而言之，微波光子技术具有传输带宽大、光电响应带宽大、传输损耗小、体积小、轻便、抗电磁干扰能力强等几个明显优势。微波光子技术的上述优势吸引了国内外学者展开相关研究，主要研究方向包括以下 3 个。

1. 微波信号的光子学产生

微波信号的光子学产生主要包括任意波形信号生成、脉冲压缩信号生成、超宽带矢量信号生成以及光频梳(Optical Frequency Comb，OFC)生成等多个方面。

(1) 任意波形信号生成。

利用光学方法生成的任意波形信号具有频率更高、带宽更大、成本更低、频率灵活调谐且不受电磁干扰的优势。例如，通过光外调制法生成毫米波信号时，只要两路光信号相位相关，仅需要用一个马赫–曾德尔调制器(Mach-Zehnder Modulator，MZM)即可实现微波毫米波的二倍频和四倍频，若合理级联 MZM 还可实现六倍频或八倍频的微波毫米波生成，甚至有可能达到太赫兹(THz)范围。

(2) 脉冲压缩信号生成。

脉冲压缩信号主要用于脉冲压缩雷达，通常包括线性调频信号、非线性调频信号和相位编码信号。为了提高发射信号的平均功率，脉冲压缩雷达在发射时通常发射的是宽脉冲，而在接收时为了提高侦测精度通常采用窄脉冲。随着雷达系统发展需求的不断增加，雷达系统的侦测频段已经开始向 Ka 波段、U 波段、V 波段以及更高的 W 波段迈进，然而基于传统电域生成脉冲压缩信号的方法受电子瓶颈和带宽限制难以满足越来越高的频率要求，微波光子学可突破带宽限制生成频率极高的脉冲信号，且频率灵活可调。图 1-3 是意大利研发的基于微波光子学的全数字雷达系统。该雷达系统的载频可达 40 GHz，探测距离可达 30 km，无杂散动态范围(Spurious Free Dynamic Range，SFDR)为 50 dB，距离分辨率为 23 m。

图 1-3　基于微波光子学的全数字雷达系统

(3) 超宽带矢量信号生成。

随着通信业务量的不断增加，如何在提高数据传输速率的同时有效降低成本成为人们关注的热点，超宽带矢量信号生成技术就是在这样的背景下提出的。基于传统电域的宽带矢量信号生成技术同其他微波技术一样受电子瓶颈限制，而基于微波光子技术的宽带矢量信号可以做到带宽更大、频率更高且无电磁干扰。

(4) 光频梳生成。

光频梳作为一种特殊的相干多波长光源，在光通信、任意波形生成、高精度测量、超宽带微波信号接收等领域都有重要应用。光频梳的生成方法包括基于非线性效应法、基于光参量振荡法以及基于光电调制法三类。

基于非线性效应法生成的光频梳，其梳齿数量多，频率覆盖面广，可达到 100 THz，但是梳齿间隔通常大于几十 GHz 且平坦度和频率稳定性较差。基于光参量振荡法生成的光频梳，其梳齿数量也比较多，但是梳齿间隔受谐振腔长度影响，可从几十 GHz 到几十 THz 但无法灵活调谐，即便梳齿数量为十几根时平坦度也不理想，频率稳定性较差。基于光电调制法的光频梳生成技术是微波光子链路应用的热点，其优点在于生成方案结构简单，梳齿间隔灵活可调，平坦度理想；缺点在于长时间工作时幅度稳定性较差，且梳齿数量较少，当梳齿数量增加时平坦度会恶化。

2. 光载射频传输(ROF)技术

传统的无线通信技术是利用电磁波在空气中的传输特性实现的。当用户端和中心站距离较远时会由于信号在传输过程中的衰减直接影响通信质量，因此在传输链路中必须配备基站和中继站，且长距离通信时会导致通信成本和布线难度剧增。光载射频传输(Radio Over Fiber, ROF)技术将无线通信技术和光纤传输技术相融合，可充分发挥无线通信灵活接入的优势以及光纤通信大带宽、低损耗的特色，从而实现射频信号无线接入光纤传输的理念，其原理图如图1-4 所示。每个远端接入点仅需配备一个基站就可通过光纤网络与中心站相连，用户端发射的 RF 信号在基站内进行电光调制和放大后利用低损耗的光纤链路送入中心站，在中心站内经过光电转换后解调为 RF 信号；反之，中心站加载的数据信号经光纤传输到基站后经电光调制后将信号辐射到相应的用户单元。

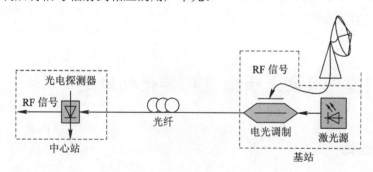

图1-4 光载射频链路系统原理图

相比于传统微波链路，ROF 链路极大地减小了长距离传输的功耗。虽然 ROF 技术已经在诸多场所有所应用，但仍存在一些技术难题尚未得到很好解决，例如光纤链路的非线性问题，长距离传输时的光纤色散问题以及光纤延迟和相位抖动等问题。

3. 微波光子信号处理

微波光子信号处理主要包括宽带微波光子混频、滤波、光采样以及信道化接收等多个方面。

微波光子混频包括上变频和下变频，其优势体现在变频效率高、频率覆盖范围广、频率灵活可调、隔离度高、无电磁干扰等方面，可广泛应用于雷达系统、卫星通信、宽带无线接入的收发机中。

微波光子滤波主要是利用可调谐的光延时线或可调谐的激光源与色散器件来引入不同的延时，其优势体现在带通频率灵活可调，滤波器具有可重构性，调整滤波器的抽头系数即可改变滤波形状。

光采样由锁模激光器提供采样脉冲，可分为光电混合采样和全光采样，二者的区别在于生成采样光序列后，前者还需要经过光电转换以及电 ADC 处理，而后者直接从采样光序列中得到微波信号的幅度信息和相位信息后转化为相对应的变量进行数字处理，省去了光电转换模块和电 ADC 处理环节，是未来模数转换发展的重要方向。

信道化接收的目的是将难以直接处理的超宽带射频信号通过频谱分割的方式分割为多个子信道后并行处理，从而实现超宽带射频信号的完整接收。目前已报道的微波光子信道化接收方案通常可分为直接信道化和间接信道化两种。直接信道化方案将宽带射频信号调制到光载波上后，利用一系列窄带光滤波器把宽带射频信号分割成若干个窄带信号，再将每个窄带信号送入相对应的独立子信道配合光电探测器(Photoelectric Detector, PD)得到相应频率的信号信息。该方法结构简单，但要求光滤波器具有平顶陡边的滤波特性，实施难度大而且无法恢复接收信号的完整信息。间接信道化方案通常利用双相干光频梳下变频的原理，一条光频梳负责宽带射频信号的复制，另一条光频梳用于下变频后的同中频接收，两个光频梳的频率间隔通常略有不同，频率间隔的差值即为子信道的带宽。该方法能获取信号的全部信息，但是结构较复杂，多梳齿、高平坦度的理想光频梳生成困难。1.2 节将对微波光子信道化接收机的发展展开详细介绍。

1.2　微波光子信道化接收机概述

1.2.1　研究进展

微波光子的信道化接收方案最早报道于 1982 年，美国海军实验室 E. M. Alexander 等人提出了基于自由空间光学的微波光子信道化方案的雏形，由于没有进行实验验证，仅通过理论分析提出了可采用法布里-珀罗(Fabry-Perot，FP)或衍射光栅等色散器件实现光信号分离，分离出的不同信道均采用光电探测器将光信号转化为电信号后接收。

类似结构下，较为经典的方案当属 2001 年美国新焦点公司与空军罗马实验室提出的一种基于自由空间衍射光栅的微波光子信道化接收方案，主要采用相干外差探测的信道化技术，其原理如图 1-5 所示。调制了宽带射频信号的光载波和本振光频梳分别以不同角度入射到衍射光栅上，宽带射频信号被衍射光栅分割为中心频率不同的等带宽窄带信号，再经棱镜反射到与之中心频率吻合的相应子信道中，本振光频梳同样经光栅衍射和棱镜反射后与每一个子信道中的窄带信号光耦合再进入对应的光电探测器完成光电转换，从而实现信道化接收。所有子信道下变频之后的中心频率均为 5 GHz，在理论上可实现 100 个子信道的同时接收，每个子信道带宽为 1 GHz。

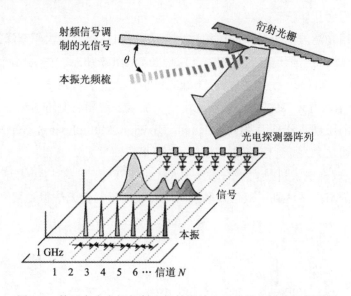

图 1-5　基于自由空间衍射光栅的微波光子信道化接收机原理图

2006 年，澳大利亚 Cochlear 公司的 Steve T. Winnall 等人提出了一种利用混合菲涅尔透镜替代衍射光栅完成分光的改良方案并进行了实验验证，实验表明该方案可实现 11 个带宽为 2 GHz 的子信道的同时接收。这一类型的信道化接收方案通常系统复杂、体积庞大。

1999 年，澳大利亚电监实验室的 S. T. Winnall 等人提出的基于 FP 腔可调光滤波器的信道化接收方案，其原理图如图 1-6 所示。这一类型的方案主要是通过对光滤波器的调谐将不同中心频率的射频信号依次滤出后完成光电探测。类似的方案还包括 2009 年瑞典 Acreo AB 公司的 P. Rugeland 等人提出的基于电控可调光纤布拉格光栅(Fiber Bragg Grating，FBG)的信道化接收方案等。这一类型方案最大的缺点在于信号的截获率相对较低。

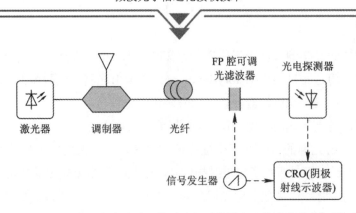

图 1-6　基于 FP 腔可调光滤波器的时分复用微波光子信道化接收机原理图

　　2008 年,澳大利亚国防部门的 D. B. Hunter 率先提出一种利用光滤波器组的信道化方案,采用相移啁啾光栅滤波器实现信道划分,但相移啁啾光栅滤波器的滤波效果面对信道化接收要求子信道精细划分的需求显得差强人意。这一类型的方案由于采用的光滤波器数量较多而导致系统的复杂程度和体积较大。

　　为了解决使用光滤波器组导致的体积过大问题,2011 年浙江大学李泽等人提出了基于光频梳的可重构微波光子信道接收方案,其原理图如图 1-7 所示。先利用两个 MZM 级联的方式生成 11 线光频梳(信号Ⅰ),生成的 11 线光频梳作为光载波送入第三个 MZM 完成宽带射频信号的复制(信号Ⅱ),复制完成以后利用一个梳状滤波器将宽带射频信号每一部分的频谱滤出后(信号Ⅲ)通过波分复用器(Wavelength Division Multiplexing,WDM)实现子信道分离,每个子信道通过 PD 得到信号的幅度信息,而相位信息无法得到。为了提高光边带的利用率,2018 年,成都电子科技大学的邱昆等人提出了双边带调制的优化方案,即在不改变光频梳梳齿数量的前提下达到了双倍效率的信道化效果,但仍无法得到相位信息。

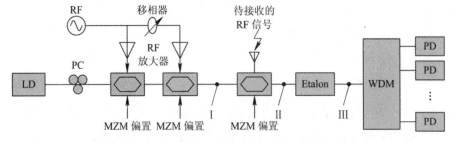

图 1-7　基于光频梳的可重构微波光子信道接收机原理图

　　2012 年,北京邮电大学的谢小军等人提出了经典的基于双相干光频梳的信道化方案,其原理图如图 1-8 所示。他们通过相位调制器(Phase Modulator,PM)、移相器(Phase Shift,PS)以及强度调制器(Intensity Modulator,IM)依次级联的方式生成两个自由谱范围(Free Spectral Range,FSR)略有不同的光频梳,其中一个光频梳用于调制和复制宽带射频信号,复制完成后利用 WDM 将每一份拷贝信息分离,另一个光频梳作为本振光频梳,同样利用 WDM 将每一根梳齿分离出来后与上路的每一份复制得到的信号依次送入混频器(Hybrid

Coupler，HC)，再通过平衡探测器(Balanced Photodetector，BPD)下变频到同一中频范围后进行正交(In-phase/Quadrature，I/Q)解调，通过实验验证了 7 个带宽为 500 MHz 的子信道同时接收的能力。自此以后，双光梳或类双光梳结构的微波光子信道化接收方案成为微波光子信道化接收的主流研究方案。但该方案仍存在较多需要解决的技术难题，例如光频梳的生成方法过于复杂且梳齿数量较少，下变频到同一中频范围后存在较为严重的镜像频率干扰以及I/Q 解调过程中的幅相不平衡等问题。

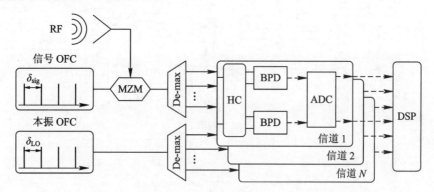

图 1-8　基于双相干光频梳的微波光子信道化接收机

2014 年，东南大学的崇毓华等人提出了基于双光频梳的 FP 腔周期光滤波器信道化接收方案，但该方案只验证了两个相邻信道的接收。2016 年，南京航空航天大学的潘时龙等人提出了基于相干光频梳和受激布里渊散射效应的信道化接收方案，2018 年，该团队又提出了基于双相干光频梳的镜像抑制下变频的信道化接收方案，原理图如图 1-9 所示，将(b)处生成的调制后的宽带射频信号和(c)处生成的移频后的本振光频梳送入光混频器，下变频到同中频后，(d)处和(e)处的中频信号都存在镜像信号频谱混叠，再通过一个 90° 电混频器消除镜像干扰信号。该方案与以往方案最大的不同是，在模拟内完成了镜像抑制，不再受 ADC 带宽的限制，镜像抑制比可达到 25 dB。2019 年，该团队又提出了基于双光频梳结构的镜像抑制双输出信道化方案和偏振复用双输出方案。

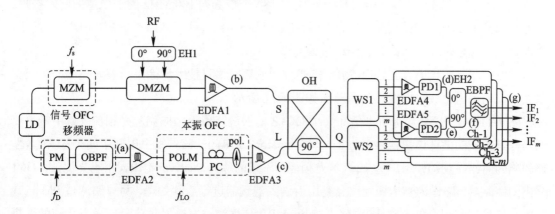

图 1-9　基于双相干光频梳的镜像抑制下变频信道化接收机原理图

2018 年，北京邮电大学的郝文慧等人提出了一种基于啁啾脉冲线性调频的信道化接收方案，其结构原理图如图 1-10 所示。

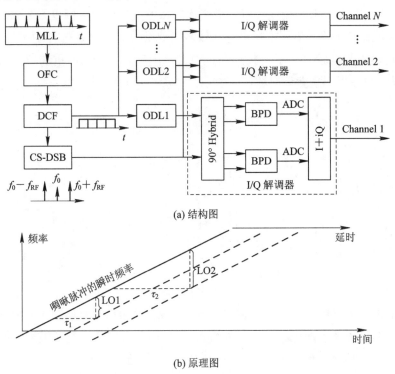

(a) 结构图

(b) 原理图

图 1-10　基于啁啾脉冲线性调频的信道化接收机

锁模激光器(Mode Locked Laser，MLL)输出的光脉冲滤波后在色散补偿光纤(Dispersion Compensation Fiber，DCF)的作用下产生两路啁啾脉冲，一路啁啾脉冲通过光延时线(Optical Delay Line，ODL)引入不同时延，另一路啁啾脉冲实现宽带射频信号的载波抑制双边带(Carrier-Suppressed Double-Sideband，CS-DSB)调制，两路信号送入 I/Q 解调器完成 IQ 信号的解调。其工作频段为直流 18.4 GHz，可实现 184 个带宽为 100 MHz 的子信道的同时接收。该方案本质上属于类双光频梳原理，用两路啁啾脉冲分别替代了两路光频梳，但由于每一路都需要配备光延时线，因此系统结构较为复杂。

类双相干光频梳的方案还有 2018 年澳大利亚斯威本科技大学徐兴元等人提出的基于克尔光频梳的信道化接收方案，其原理图如图 1-11 所示。

图 1-11 中光分路器(Optical Coupler，OC)之前的链路用于生成克尔光频梳，其中最主要的器件是集成的微环谐振器(Micro-Ring Resonator，MRR)。该方案中用到了两个 MRR，上路的称为 Active MRR，用于生成克尔光频梳，下路的称为 Passive MRR，用于光滤波。OC1 分出的两路，一路作为光本振经波分复用后送入混频器进行后续处理，另一路通过 PM 将宽带射频信号调制到克尔光频梳上，经 Passive MRR 依次滤出窄带射频信号后送入相应的混频

器进行后续处理，并通过实验验证了 1.7～19 GHz 宽带射频信号的接收。由于克尔光频梳是由 MRR 集成得到的，梳齿数量可以得到极大的扩充，是未来信道化接收的一个重要方向，该团队又于 2020 年提出了基于克尔光频梳的 92 路子信道接收的优化方案，即利用 PM 生成的光载波和其中一个光边带拍频替代了本振信号并进行了实验验证。

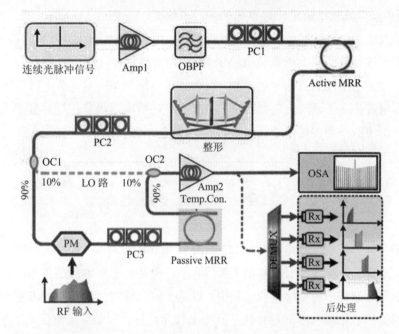

图 1-11　基于克尔光频梳的宽带射频接收机原理图

此外，国内诸多高校也都有微波光子信道化相关成果的报道。

1.2.2　存在的问题

面对日益复杂的电磁环境和越来越高的应用需求，虽然目前已报道的超宽带微波光子信道化接收方案众多，但仍存在不少需要改进的地方，主要问题集中在以下三个方面。

(1) 如何利用光电调制法生成适用于信道化接收的理想光频梳。

已报道的微波光子信道化方案主要以基于光频梳原理的为主，虽然目前光频梳生成方案众多，但受平坦度和自由谱范围等指标的限制，适用于信道化接收的并不多。MZM 在调制生成光频梳时具有易调谐、生成方法简单等优势，但铌酸锂调制器在调制时易受电光效应影响，除了生成所需要的梳线外，还会生成杂余光边带，严重影响信道化接收效果，因此如何生成平坦度高、带外抑制比大、梳齿数量多的光频梳是目前信道化接收面临的一个难题。

(2) 如何实现微波光子信道化接收机的镜像抑制。

射频正交下变频能够将高频信号下变频到同向和正交的基带或者中频，也叫射频(I/Q)下变频，是射频接收机中的一项关键技术。对于超外差接收机而言，通常存在较为严重的镜像干扰问题，其镜像信号来自于宽带射频信号本身的频谱分量，所需频谱分量和镜像频谱分量下变频到同一中频范围内会出现频谱混叠，无法直接通过滤波器消除从而影响信号的接收质量。对于零中频接收机而言，镜像干扰源于 I/Q 信号的幅相不平衡。因此，对于微波光子信道化接收机而言，如何实现镜像抑制、提高信号接收质量是亟待解决的关键问题。

(3) 如何扩展微波光子信道化接收机的子信道数量。

已有的微波光子信道化接收机受接收机理限制，用到的光频梳通常梳齿数较少进而导致微波光子信道化接收机的子信道数量也较少，而子信道数量往往直接决定了最大瞬时接收带宽以及可同时侦测的不同频点信号的路数。对于诸多应用领域而言，希望信道化接收机的子信道数量越多越好，因此如何在光频梳梳齿数量不变的情况下提高信道化效率、增大瞬时接收带宽是亟待解决的一个关键问题。

本 章 小 结

本章主要介绍了目前已报道的几种微波光子信道化接收方案。从接收原理上大致可分为三类，第一类是基于光滤波器组的非相干接收，第二类是基于多本振的相干信道化接收，第三类是基于双光梳的相干信道化接收。其中，以基于双光梳的信道化接收方案报道最多，然而基于双光梳的信道化接收方案对光梳品质要求较高，且梳齿数量严重限制了子信道数量。

第2章

微波光子信道化基础理论

本章主要介绍了微波光子链路中常用光电器件的工作原理,分析了诸多技术指标对微波光子信道化接收机性能的影响。此外,还对光频梳的国内外研究现状进行了总结和分析。

2.1 微波光子信道化链路的主要光电器件

目前主流的微波光子信道化接收机结构原理图如图 2-1 所示,其中激光器可提供连续型光波或脉冲光信号,电光转换模块将待接收的宽带射频信号调制到光域,利用光滤波将宽带信号分割为多个频谱连续的光信号,这些光信号在微波光子混频器中完成下变频,输出的中频信号再经过光电转换模块重新恢复为电信号进行分析和处理,从而实现宽带射频信号的完整接收。其中光电器件主要包括激光器、光电调制器、光正交耦合器和光电探测器等,下文将分别进行简单介绍。

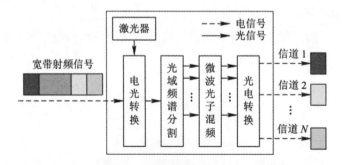

图 2-1 微波光子信道化接收机结构原理图

2.1.1 激光器

激光器生成的光载波作为射频信号传输的载体,其生成质量直接影响整个系统的性能。

激光器的分类方式较多，微波光子链路中常用的是半导体激光器，其具有体积小、使用寿命长、线宽窄以及功率大等优势，最为适用于现代光通信领域。常见的半导体激光器有 FP 腔激光器、分布反馈激光器和垂直腔面发射激光器三种。根据与射频信号调制时的作用形式不同，激光器还可分为直调激光器和外调制激光器。

直调激光器在进行射频信号调制时，调制信号可直接注入激光器中，通过改变激光器的驱动电流，就可得到输出光信号的强度和相位信息。由于无须额外的光电调制器即可完成光载波生成和射频信号的调制，因此使用直调激光器的系统具有结构简单、体积小、成本低的优点，同时也具有调制带宽小、调制速率低、输出光信号的强度和相位会随机波动而产生强度噪声和相位噪声等缺点。

外调制激光器由于其功能仅仅是产生光载波，在激光器内部不与射频信号调制，因此不受射频驱动电流的影响，在理论上是不存在啁啾效应的。与直调激光器相比，其具有线宽窄、光功率大、光谱纯净和无啁啾效应的优点，其缺点是需要额外配备光电调制器，增加了系统成本的同时也引入了新的非线性效应，但目前光电调制器已经较为成熟，两者配合可以实现大带宽、高频段、高调制速率的信号调制。

2.1.2　光电调制器

光电调制器的功能是利用电光效应将射频信号携带的信息从电域映射到光域，实现信号的光电转换。目前已报道的也有基于磁光效应和电吸收效应的光电调制器，本书后续内容所用到的都是基于电光效应的铌酸锂(LiNbO$_3$)调制器，其优点主要体现在消光比高、可调制带宽大、工作稳定性好等方面，是目前微波光子链路中应用最为广泛的光电调制器。基于铌酸锂的光电调制器种类众多，本书重点介绍其中最常用的几种。

1. 相位调制器(PM)

相位调制器的结构如图 2-2 所示，它通过改变电极上所加的电信号来影响光波导的折射率从而改变光信号的相位。

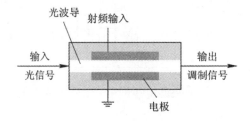

图 2-2　PM 结构原理图

下面我们通过数学推导来分析其工作过程。假设此时相位调制器被一个正弦信号调制，

这个正弦信号和激光器生成的光信号可分别表示为

$$E_{in}(t) = E_0 e^{j\omega_c t} \tag{2-1}$$

$$V(t) = V_{RF}\cos(\omega_{RF}t) \tag{2-2}$$

式中，E_0 为光载波的幅度；ω_c 为光载波的角频率；V_{RF} 为调制信号的幅度；ω_{RF} 为调制信号的角频率。

经光电调制后，PM 的输出可表示为

$$
\begin{aligned}
E_{PM}(t) &= E_{in}(t)\exp(jm\cos(\omega_{RF}t) + j\varphi) \\
&= E_0 \sum_{n=-\infty}^{+\infty} J_n(m)\exp j\left(\omega_c t + n\omega_{RF}t + \frac{n\pi}{2} + \varphi\right)
\end{aligned} \tag{2-3}
$$

式中，$m = \pi V_{RF}/V_\pi$ 为调制指数；φ 为光信号在 PM 内的总相移；V_π 为半波电压；J_n 为第 n 阶贝塞尔函数。

半波电压表示光信号相位发生 180° 改变时所需要的电压值，对于已经制成的光电调制器来说，其半波电压值是固定的。通常商用的光电调制器的半波电压在 1～7 V 之间，其值越小则光电调制效率越高。由式(2-3)可知，PM 输出的是以光载波频率为中心，间隔为 ω_c 的一系列正负光边带，光边带的幅值大小由第 n 阶贝塞尔函数值决定。需要注意的是，PM 只有射频口没有直流偏压口，因此不存在直流漂移的影响。

2. 马赫-曾德尔调制器(MZM)

MZM 是微波光子链路最常用的光电调制器之一，其结构如图 2-3 所示，光信号输入 MZM 后先被等功分为上、下两路，这两路可近似看作两个 PM，但此时的每个 PM 都有自己独立的射频输入口和直流偏压，在上、下路分别完成各自的光电调制后在 MZM 尾部耦合为一路光信号输出。

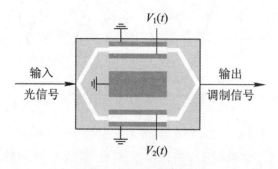

图 2-3　MZM 结构原理图

假设给 MZM 的上、下路分别加载 $V_1(t)$ 和 $V_2(t)$ 两个射频信号，输入的光载波如式(2-1)所示，则 $V_1(t)$ 和 $V_2(t)$ 可分别表示为

$$V_1(t) = V_{RF1}\cos(\omega_{RF1}t) + V_{DC1} \tag{2-4}$$

$$V_2(t) = V_{RF2}\cos(\omega_{RF2}t) + V_{DC2} \tag{2-5}$$

式中，V_{RF1} 为上路射频信号的幅度；V_{RF2} 为下路射频信号的幅度；ω_{RF1} 为上路射频信号的角频率；ω_{RF2} 为下路射频信号的角频率；V_{DC1} 为上路直流偏压；V_{DC2} 为下路直流偏压。

MZM 的输出可表示为

$$E_{MZM}(t) = E_0(t)\cos\left[\frac{\pi[V_{RF1}(t) - V_{RF2}(t)]}{2V_\pi}\right]e^{j\frac{\pi[V_{RF1}(t)+V_{RF2}(t)]}{2V_\pi}} \tag{2-6}$$

由式(2-6)可以发现，MZM 输出光信号的幅度和相位都受到了调制。需要强调的是，当上、下两路所加射频信号满足 $V_1(t) = -V_2(t) = V_{RF}\cos(\omega_{RF}t) + V_{DC}$ 时称为推挽模式，由于相位调制项为常数 1，此时光信号只受强度调制，在实际应用中通常也较多地使用该模式，此时 MZM 输出的光信号和光功率可分别表示为

$$E_{MZM}(t) = E_0(t)\cos\left[\frac{\pi V_{RF}\cos(\omega_{RF}t)}{V_\pi} + \frac{\pi V_{DC}}{V_\pi}\right] \tag{2-7}$$

$$P_{MZM} = \frac{E_0^2}{2}\exp[1 + \cos(2m\cos\omega_{RF}t + \phi)] \tag{2-8}$$

由式(2-8)可知，当固定射频信号调制时，MZM 输出的光功率与直流偏置角 ϕ 成余弦函数变化关系，如图 2-4 所示。

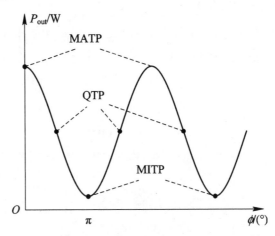

图 2-4　MZM 输出光功率与直流偏置角关系示意图

图 2-4 给出了 MZM 工作时的三个特殊偏置点，分别是 $\phi = 0°$ 时的最大传输点(Maximum Transmission Point，MATP)，$\phi = 90°/270°$ 时的正交传输点(Quadrature Transmission Point，QTP)，$\phi = 180°$ 时的最小传输点(Minimum Transmission Point，MITP)。给 MZM 加一个中心频率为 5 GHz 的单音信号，当其处在这三个偏置点时，其光谱图分别如图 2-5～图 2-7 所示。

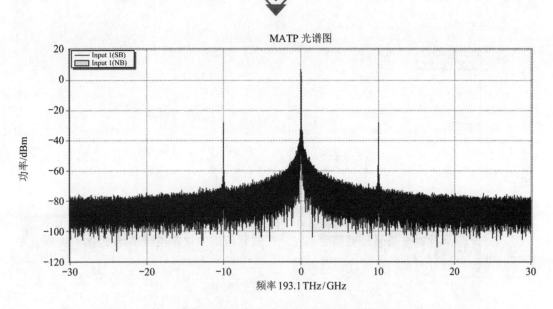

图 2-5　MZM 工作在 MATP 时的光谱图

由图 2-5 可知，当 MZM 工作在 MATP 时，输出信号主要为光载波和偶数阶光边带(正负二阶光边带)，奇数阶光边带被显著抑制，此偏置点拥有最大的输出功率。

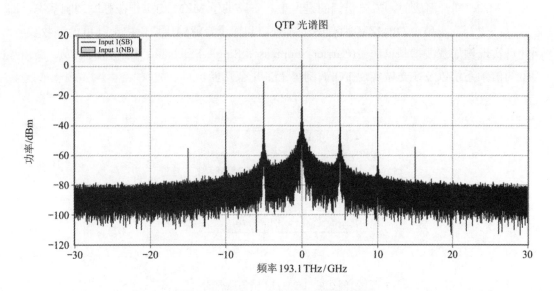

图 2-6　MZM 工作在 QTP 时的光谱图

由图 2-6 可知，当 MZM 工作在 QTP 时，光载波和奇、偶阶光边带都存在，此时链路的增益最大且能在一定程度上抑制偶数阶光边带。

由图 2-7 可知，当 MZM 工作在 MITP 时，输出信号主要为奇数阶光边带(正负一阶光边带和正负三阶光边带)，光载波和偶数阶光边带被显著抑制，同时也能有效抑制噪声。

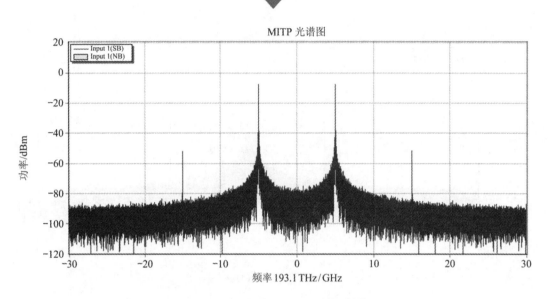

图 2-7　MZM 工作在 MITP 时的光谱图

3. 双平行马赫-曾德尔调制器(DPMZM)

DPMZM(Dual-parallel MZM)的结构如图 2-8 所示，可看作主 MZM 的上、下路分别是一个子 MZM 耦合而成的。需要强调的是，上、下路的子 MZM 均工作在强度调制状态，即 $V_{\text{upper\_}x} = -V_{\text{lower\_}x}$，整个 DPMZM 拥有两个射频口和三个直流偏压口，由于其可调参数较多，因此可实现例如载波抑制单边带(Carrier-Suppressed Single-Sideband，CS-SSB)生成、高倍频因子的倍频系统以及在光域实现 I/Q 调制等诸多复杂功能。

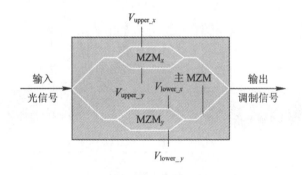

图 2-8　DPMZM 结构原理图

4. 偏振复用马赫-曾德尔调制器(PDM-MZM)

PDM-MZM(Polarization Division Multiplexing MZM)的结构如图 2-9 所示，与 DPMZM 一样具有两个射频口，且上、下路两个子 MZM 工作在强度调制状态，区别在于 PDM-MZM 只有两个直流偏压口，此外下路还有一个偏振旋转器(PR)可将下路的子 MZM 的输出信号进行 90°旋转，与上路输出的信号构成两个正交的偏振态后通过 PBC(Polarization Beam

Combiner，偏振合束器)耦合为一个偏振复用信号输出。其偏振复用的特点在信道化接收和镜像抑制等方面都有所应用。

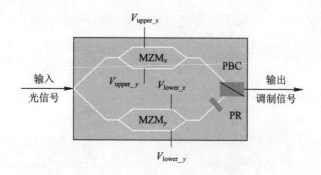

图 2-9　PDM-MZM 结构原理图

5. 偏振复用双平行马赫-曾德尔调制器(PDM-DPMZM)

PDM-DPMZM 结合了上述两个调制器的特点，其结构如图 2-10 所示，拥有四个射频口和六个直流偏压口，最终输出的仍是一个偏振复用信号，由于将上、下路替代成了 DPMZM，因此可以实现更多调制功能，例如相位编码、光生毫米波倍频、I/Q 变频、线性度优化等。

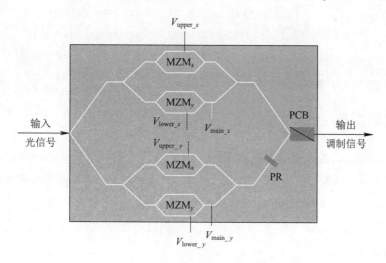

图 2-10　PDM-DPMZM 结构原理图

2.1.3　光正交耦合器

90° 光 Hybrid 又称为光正交耦合器(Optical Hybrid Coupler，OHC)，本书重点介绍两进四出型 OHC，其结构原理图如图 2-11 所示。为了方便理解，我们假设此时信号路输入的是经 CS-SSB 调制得到的正一阶光边带，本振路输入的同样是经 CS-SSB 调制得到的正一阶光边带，激光器的输出如式(2-1)所示，则此时信号路和本振路的光信号可分别表示为

$$E_s(t) = E_0 \sum_{n=-\infty}^{+\infty} J_1(m_s) \exp j(\omega_c t + \omega_s t) \tag{2-9}$$

$$E_L(t) = E_0 \sum_{n=-\infty}^{+\infty} J_1(m_L) \exp j(\omega_c t + \omega_L t) \tag{2-10}$$

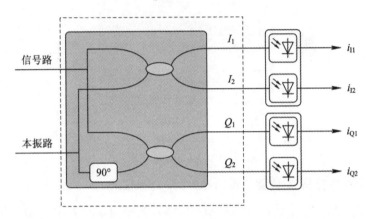

图 2-11　OHC 结构原理图

其输出的四路光信号可分别表示为

$$\begin{cases} I_1 = E_0[J_1(m_s)\exp j(\omega_c t + \omega_s t) + J_1(m_L)\exp j(\omega_c t + \omega_L t)] \\ I_2 = E_0[J_1(m_s)\exp j(\omega_c t + \omega_s t) - J_1(m_L)\exp j(\omega_c t + \omega_L t)] \\ Q_1 = E_0[J_1(m_s)\exp j(\omega_c t + \omega_s t) + jJ_1(m_L)\exp j(\omega_c t + \omega_L t)] \\ Q_2 = E_0[J_1(m_s)\exp j(\omega_c t + \omega_s t) - jJ_1(m_L)\exp j(\omega_c t + \omega_L t)] \end{cases} \tag{2-11}$$

2.1.4　光电探测器

光电探测器(Photoelectric Detector，PD)是一种基于光电效应的光电解调元件，其种类较多，但微波光子链路中最常用的是 PIN 光电二极管，其优点主要体现在响应度高、响应速率快、可实现高频宽带信号的解调等。PD 响应度定义为输出光电流与输入光功率的比值，它反映了光电信号转换的效率，通常用 η 表示。式(2-11)输出的 I/Q 信号经光电探测器后，其光电流可分别表示为

$$\begin{cases} i_{I1} = \eta E_0^2 J_1(m_s)J_1(m_L)\cos(\omega_s + \omega_L)t \\ i_{I2} = -\eta E_0^2 J_1(m_s)J_1(m_L)\cos(\omega_s + \omega_L)t \\ i_{Q1} = \eta E_0^2 J_1(m_s)J_1(m_L)\sin(\omega_s + \omega_L)t \\ i_{Q2} = -\eta E_0^2 J_1(m_s)J_1(m_L)\sin(\omega_s + \omega_L)t \end{cases} \tag{2-12}$$

式中，η 为 PD 的响应度；ω_s 为射频信号的角频率；ω_L 为本振信号的角频率；m_s 为射频信号的调制指数；m_L 为本振信号的调制指数。

2.2　微波光子信道化系统的主要性能指标

微波光子信道化接收机的结构较为复杂，因此评价其接收性能的指标也较多，例如工作带宽、链路转换增益、链路噪声、无杂散动态范围、信道个数、信道隔离度等，下文将展开具体介绍。

1. 工作带宽

工作带宽表示接收机能侦测未知频率信号的频率覆盖范围。美国 DARPA 对未来军用接收机的工作带宽要求大于 50 GHz，而目前已报道的接收机最高工作频段为 15.5～37.1 GHz。限制微波光子信道化接收机工作带宽的两个重要因素就是光电调制器和光电探测器的工作带宽，目前可商用光电调制器的带宽已达到 100 GHz，可商用光电探测器的带宽已达到 40 GHz，因此在不久的未来极有可能实现 DC-100 GHz 带宽的侦测。

2. 链路转换增益

微波光子链路是将电信号调制到光域传输和处理，最终再解调回电信号，因此转换增益仍是输入和输出的两个电信号功率之比，或输出的中频(IF)信号功率与输入的射频信号功率的比值，通常用分贝(dB)描述增益，其表达式如式(2-13)所示：

$$G(\text{dB}) = 10 \lg \frac{P_{\text{out}}}{P_{\text{in}}} \quad \text{或} \quad 10 \lg \frac{P_{\text{IF}}}{P_{\text{RF}}} \tag{2-13}$$

微波光子链路转换增益通常都小于 0 dB，主要原因在于受器件材料以及制作工艺限制，光电器件的转换效率低所致。此外，光电调制器的直流偏置点位置也会影响转换增益，例如前文介绍的 MZM 的三个特殊偏置点，当直流偏置角ϕ处于正交传输点($\phi = 90°$)时，转换增益最大；$\phi < 90°$时，转换增益随ϕ增大而增大；$\phi > 90°$时，转换增益随ϕ增大而减小。为了补偿链路损耗，通常会采用光放大器来提高转换增益，本书主要采用掺铒光纤放大器(Erbium-doped Optical Fiber Amplifier，EDFA)来实现光功率补偿，EDFA 虽然能有效提高转换增益但也会引起链路噪声恶化。

3. 链路噪声

噪声是任何通信链路都无法避免的且直接影响通信质量，要想最大程度地抑制链路中的各类噪声，首先需要弄清楚噪声的来源及变化规律。微波光子链路的噪声通常是由相对强度噪声(Relative Intensity Noise，RIN)、自辐射噪声(Amplified Spontaneous Emission，ASE)、热噪声以及散弹噪声组成，通过噪声系数(Noise Figure，NF)来衡量链路噪声对系统的影响。噪声系数表示经过整个微波光子链路后信号信噪比的恶化程度，其表达式如式(2-14)所示：

$$NF = 174 - \text{Gain} + N_{\text{floor}} \tag{2-14}$$

其中，N_{floor} 为链路的底噪。

上文介绍了链路噪声的组成，下面对这四类噪声的来源及变化规律进行简单介绍。这四类噪声中对链路影响最大的是来源于激光器的 RIN 噪声，其产生的原因是激光器自发辐射的随机性，表现为光强随时间的随机波动，功率大小随 PD 光功率呈二次变化，因此目前许多研究机构致力于低 RIN、高输出功率激光器的研发。散弹噪声来源于 PD，且当进入 PD 的光功率增大到一定范围时和 RIN 共同成为影响链路的主要噪声，该噪声功率大小随 PD 光功率呈线性变化，因此高饱和电流的 PD 也是当前研究的热点。ASE 噪声来源于光放大器，对于光电调制效率较低的微波光子链路来说通常会采用 EDFA 或半导体光放大器 (Semiconductor Optical Amplifier，SOA)进行光功率补偿，其结果必然引入 ASE，其功率与自辐射因子及放大器增益有关。热噪声也被称为电阻热噪声，是所有电子器件都无法避免的，其产生是电子的布朗运动造成的，在实际测量时通常认为其功率大小为 −174 dB。

4. 无杂散动态范围

无杂散动态范围(Spurious Free Dynamic Range，SFDR)是衡量系统接收射频信号能力强弱的重要体现，主要指可检测到的最小功率射频信号到可分辨的最大功率射频信号的具体范围，若输入的射频信号功率过小，则会湮没在噪声中无法检测到，若输入的射频信号功率过大，则会导致生成二阶交调失真项和三阶交调失真项的信号强度大于基波强度，从而严重影响有用信号的接收。前文在介绍 MZM 工作原理时提到，当输入 MZM 的射频功率较大时会出现较多的高阶光边带，即意味着引入了非线性失真，当输入为双音信号或多载波时，除了基带之间会互相拍频产生有用分量外，高阶光边带也会相互拍频产生交调失真。

现以双音信号为例分析，假设输入的双音信号频率分别为 f_1 和 f_2，拍频后的频谱示意图如图 2-12 所示。其中，频率为 $2f_2-f_1$ 和 $2f_1-f_2$ 的信号是三阶交调失真(IMD3)项，由于其离双音信号频率最为接近且分量幅度最大，因此是微波光子链路中最主要的失真项。频率为 f_2-f_1 的信号是二阶交调失真(IMD2)项，虽然其距离双音信号的频率较远，看似可用滤波器滤除，但若是处于宽带射频信号下变频到低频段时，IMD2 很有可能处于该低频范围内而无法通过滤波器滤除，因此也是微波光子链路中需要重点考虑的失真项。

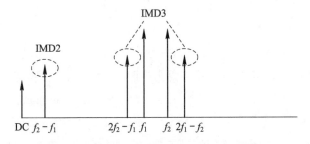

图 2-12　微波光子链路交调失真频谱示意图

图 2-13 所示是微波光子非线性链路中基波、二阶交调失真项、三阶交调失真项的输出功率随射频信号输入功率变化的部分曲线，这三条曲线的斜率依次是 $k = 1，2，3$。无杂散动态范围的下限是各阶交调分量与底噪的交点，上限是各阶交调分量与截止点的交点，由于高阶交调失真项的强度会随着阶数增加而降低，因此通常微波光子链路只考虑二阶交调失真和三阶交调失真。综上分析可知，微波光子链路的 SFDR 与链路噪声和交调失真有关，因此提升系统动态范围的方法也是分别从降低系统噪声和对二阶、三阶交调失真的抑制着手，本书后续将会介绍如何利用平衡探测器来抑制二阶交调失真。

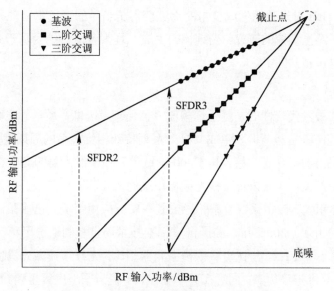

图 2-13 RF 输出功率随输入功率变化曲线

5. 信道个数

信道个数决定了信道化接收机所能同时接收不同频率点信号的数量，在信道带宽一定的条件下，信道个数也决定着接收机的最大瞬时接收带宽。限制信道个数的因素通常包括两点：一是光滤波器的使用数量。光滤波器数量的增加会导致系统的体积和质量变大，且目前高谐振质量因子(Q)的光滤波器较少，成本也较高。二是光频梳的梳齿数。梳齿数量多、平坦度高、稳定性好的理想光频梳生成目前仍是研究的热点问题之一。

6. 信道隔离度

由于信道化接收机是将一个超宽带射频信号通过频谱分割的方式划分到相应的子信道后并行处理，在理想情况下每个子信道都是独立互不干扰的，但由于链路存在射频或本振泄漏，某一信道接收到的信号有可能也泄漏到其他信道，从而对该信道的有用信号形成信道串扰，因此可通过信道隔离度来评价信道之间的干扰程度。信道串扰不仅存在于相邻信道，也有可能存在于非相邻信道，通常相邻信道的串扰更为严重，其主要原因在于光滤波器的滚降因子不够理想导致射频信号外泄。

2.3　光频梳的生成原理

光频梳是一系列具有等频率间隔、多波长分布、高平坦度的相干光源，在高精度测量、宽带射频通信等诸多领域具有重要应用。2005 年，正是由于德国学者 Theodor W. Hänsch 和美国学者 John L. Hall 对光频梳生成技术的贡献获得了当年的诺贝尔物理学奖，随后国内外的学者纷纷展开了对光频梳的研究。光频梳的生成原理大致可归纳为基于光参量振荡法、非线性效应法和光电调制法三类。

1. 光参量振荡法

光参量振荡法最具代表性的是基于锁模激光器原理，这也是最早的光频梳生成方案。它主要利用锁模技术使激光器谐振腔生成具有一系列特殊相位关系的周期性光脉冲，经傅里叶变换后在频域表现出的就是光频梳。其中，基于钛宝石锁模激光器的诞生在光频梳发展历史上具有里程碑式的意义，其意味着飞秒光频梳正式进入实际应用阶段。但是由于钛宝石锁模激光器成本高、体积大、应用系统复杂，导致其在实际应用中受到诸多限制，也因此加速了光纤锁模激光器的出现。2006 年，美国国家标准技术局宣布制造出了第一台光纤锁模激光器，其自由谱范围小于 1 Hz。与钛宝石锁模激光器相比，光纤锁模激光器生成的光频梳具有成本低、体积小、易维护等优点，同时在频率稳定性、梳齿平坦度等重要指标上也相差不大，时至今日，在精密测量、时频系统等众多领域仍有广泛应用。

2019 年，中科院西安光机所王屹山团队研制出了高集成度的工程化稳频光频梳样机，体积只有 $28 \times 13.6 \times 3.7 \, \text{cm}^3$，但光频梳的自由谱范围受振荡器腔长限制，难以实现大频率间隔。

2. 非线性效应法

非线性效应法主要利用四波混频、自相位调制、交叉相位调制等非线性特性生成大量高阶光谱分量来构造光频梳。2013 年，华中科技大学的 Yang Ting 等人利用非线性效应生成了自由谱范围为 20 GHz 的 14 线光频梳。同年，美国耶鲁大学的 Jung Hojoong 等人利用氮化铝微环谐振腔中的四波混频效应生成了 70 线光频梳。最值得一提的是，德国马普实验室的 Kippenberg 等人利用连续光泵浦的技术方案在二氧化硅微环谐振腔内首次获得了宽带克尔光频梳。此外，康奈尔大学、哥伦比亚大学的研究人员也对基于非线性效应法的光频梳生成进行了深入研究。

与基于锁模激光器的光频梳生成方法相比，基于微环谐振腔的克尔光频梳具有更高的集成度，同时兼具体积小、质量轻、功耗小、梳齿数量多的优势，更重要的是其自由谱范围可从兆赫兹(GHz)灵活调谐至太赫兹(THz)。

3. 光电调制法

基于光电调制法的光频梳生成技术主要是通过级联各种光电调制器，然后合理设置每个光电调制器的工作偏置点或改变输入端射频信号功率的方法，使电光调制后生成的光边带幅度一致即可，也可把光电调制器设计在一个环形结构中，通过循环移频的方式生成光频梳。目前已报道的基于光电调制法的光频梳生成方案主要是利用 DPMZM、DEMZM (Dual-Electrode MZM，双电极马赫曾德尔调制器)或 PDM-DPMZM 这几种结构的光电调制器，若不采用级联方式，生成的梳齿数量通常不超过 10 根，但自由谱范围灵活可调，不受腔限制且频率稳定性较高。

但光电调制法生成的光频梳受链路总调制深度的限制，通常梳齿数量较少。为了弥补此类方案的缺陷，国防科技大学的江天团队在 2020 年提出了将非线性变频技术与光电调制技术相结合的方案，先利用 3 个 PM 和一个 IM 级联的方式生成种子光频梳，再通过两级色散补偿和非线性光环镜滤波实现时域脉冲整形和峰值功率提升，最后在高非线性光纤中完成强非线性混频，最终得到光频梳自由谱的范围为 10～12.5 GHz，梳齿数可达到 600 根。

总而言之，虽然目前光频梳的生成方法较多，但尚没有哪种光频梳的生成方法同时满足梳齿数量多、频率间隔可灵活调谐、幅度和幅度稳定度高等应用需求，在不同领域实际应用时可根据性能指标需求选择最合适的生成方法，本书后续所用到的光频梳均是基于光电调制法生成的。

本 章 小 结

本章重点介绍了微波光子链路中常用的电光器件，包括激光器、光电调制器、光正交耦合器、光电探测器的功能及工作原理，同时还对微波光子信道化接收系统中的重要性能指标，包括工作带宽、链路转换增益、链路噪声、无杂散动态范围、信道个数以及信道隔离度进行了说明及分析。最后，对目前国内外的光频梳研究现状进行了总结和分析，为后续章节基于光频梳的信道化方案提供了重要的理论依据。

第 3 章

基于双相干光频梳的微波光子信道化接收技术

本章首先针对基于光电调制法生成的光频梳普遍存在调制指数高、功率效率低、频率和幅度稳定性差、梳齿数量少等缺陷，提出了基于 DPMZM 的 5 线和 7 线光频梳生成及级联扩充方案。其次，针对超外差架构下的双光频梳信道化接收机存在的较为严重的镜像干扰问题，提出了一种镜像抑制下变频方案，可对带内镜像干扰信号进行有效抑制。最后，分别对上述方案进行了理论分析和实验验证。

3.1 基于 DPMZM 的 5 线和 7 线光频梳生成方法及扩充方法

针对上文提到的基于光电调制法的光频梳生成方法普遍存在梳齿数量不足的缺陷，本节将介绍基于 DPMZM 的 5 线和 7 线光频梳生成方法，本方法可通过 DPMZM 级联的方式使光频梳梳齿数量扩充至原先的 5 倍和 7 倍，从而弥补梳齿数量的不足。5 线和 7 线光频梳的生成原理图如图 3-1 所示。

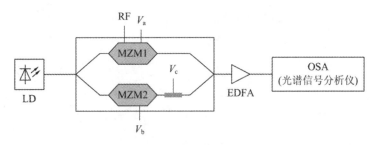

图 3-1　5 线和 7 线光频梳的生成原理图

DPMZM 本身有上、下两个射频输入口和三个直流偏压输入口，本方法仅需用到上路的射频输入口和三个直流偏压输入口。假设所加的三个直流偏置电压分别为 V_a、V_b、V_c。光载波进入 DPMZM 后被分为上、下两路，上路输入的射频信号可表示为 $S(t) = V_S \sin(\omega_S t)$，其中 V_S 和 ω_S 分别表示射频信号的幅度和角频率，则 DPMZM 输出的光信号可表示为

$$E_{\text{DPMZM}} = \frac{E_{\text{in}}(t)}{2}\left\{\cos\left[\frac{\pi V_S}{2V_\pi}\sin(\omega_S t) + \frac{\pi V_a}{2V_\pi}\right] + \cos\left(\frac{\pi V_b}{2V_\pi}\right)e^{j\frac{\pi V_c}{V_\pi}}\right\} \tag{3-1}$$

利用贝塞尔函数将式(3-1)只展开到二阶时，光载波、正负一阶光边带、正负二阶光边带可分别表示为

$$E_0 = \frac{E_{\text{in}}(t)}{2}\left[\cos A J_0(B) + \cos\left(\frac{\pi V_b}{2V_\pi}\right)e^{j\frac{\pi V_c}{V_\pi}}\right] \tag{3-2}$$

$$E_{+1} = \frac{E_{\text{in}}(t)}{2}\sin A J_1(B)e^{j\left(\omega_S t + \frac{\pi}{2}\right)} \tag{3-3}$$

$$E_{-1} = \frac{E_{\text{in}}(t)}{2}\sin A J_1(B)e^{j\left(\omega_S t - \frac{\pi}{2}\right)} \tag{3-4}$$

$$E_{+2} = \frac{E_{\text{in}}(t)}{2}\cos A J_2(B)e^{j2\omega_S t} \tag{3-5}$$

$$E_{-2} = \frac{E_{\text{in}}(t)}{2}\cos A J_2(B)e^{-j2\omega_S t} \tag{3-6}$$

式中，$A = \pi V_a/2V_\pi$，$B = \pi V_S/2V_\pi$，J_n 为第 n 阶贝塞尔函数。

假设生成的光频梳幅度为 U，由式(3-3)~式(3-6)可知，正负一阶光边带和正负二阶光边带的幅度与射频信号幅度 V_S 和直流偏置电压 V_a 有关，光载波幅度与直流偏置电压 V_b、V_c 有关，即满足式(3-7)和式(3-8)时可生成幅度为 U 的 5 线光频梳：

$$\frac{E_{\text{in}}(t)}{2}\sin A J_1(B) = \frac{E_{\text{in}}(t)}{2}\cos A J_2(B) = U \tag{3-7}$$

$$\frac{E_{\text{in}}(t)}{2}\left[\cos A J_0(B) + \cos\left(\frac{\pi V_{1b}}{2V_\pi}\right)e^{j\frac{\pi V_{1c}}{V_\pi}}\right] = -U \tag{3-8}$$

可得到此时的三个直流偏置电压大小分别为

$$V_{1a} = \frac{2V_\pi}{\pi}\arctan\left[\frac{J_2(B)}{J_1(B)}\right] \tag{3-9}$$

$$V_{1c} = (2N+1)V_\pi, \ V_{1b} = \frac{2V_\pi}{\pi}\{\pm\arccos[\sin AJ_1(B) + \cos AJ_0(B)]\} \tag{3-10}$$

$$V_{1c} = 2NV_\pi, \ V_{1b} = \frac{2V_\pi}{\pi}\{\pm\arccos[-\sin AJ_1(B) - \cos AJ_0(B)]\} \tag{3-11}$$

若 DPMZM 的半波电压 $V_\pi = 3.5$ V，通过计算可知当 $V_S = 1.4$ V，$V_{1a} = 3.15$ V，$V_{1b} = -6.23$ V，$V_{1c} = 0$ V，调制指数为 0.83 时可得到 5 线光频梳。

同理，若要生成 7 线光频梳，可利用贝塞尔函数将式(3-1)展开到三阶，则正负三阶光边带可表示为

$$E_{+3} = \frac{E_{in}(t)}{2}\sin AJ_3(B)e^{j\left(3\omega_S t + \frac{\pi}{2}\right)} \tag{3-12}$$

$$E_{-3} = \frac{E_{in}(t)}{2}\sin AJ_3(B)e^{-j\left(3\omega_S t + \frac{\pi}{2}\right)} \tag{3-13}$$

当满足式(3-8)和式(3-14)时可生成幅度为 U 的 7 线光频梳。

$$\frac{E_{in}(t)}{2}\sin AJ_1(B) = \frac{E_{in}(t)}{2}\cos AJ_2(B) = \frac{E_{in}(t)}{2}\sin AJ_3(B) = U \tag{3-14}$$

此时的 $V_S = 1.94V_\pi$，$V_{1a} = 0.63V_\pi$，$V_{1b} = 0.724V_\pi$，$V_{1c} = V_\pi$。

本方案通过实验验证了其可行性，依照图 3-2 搭建实验链路。实验中激光器(Emcore，1782)生成的光载波波长为 1552 nm，功率为 17 dBm，RIN 为 −157 dBc/Hz，射频信号源 (Agilent，N5183A MXG)生成中心频率为 40 GHz 的 RF 信号，DPMZM (Fujistu，FTM7962EP) 的半波电压为 3.5 V、插损为 5 dB、消光比为 27 dB。

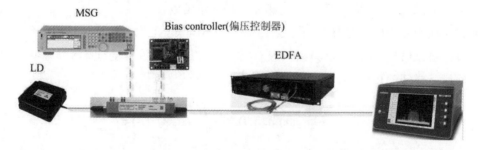

图 3-2　基于 DPMZM 的 5 线和 7 线光频梳生成实验链路示意图

图 3-3 是 5 线和 7 线光频梳的生成实验结果图，可以看出 5 线光频梳的平坦度小于 0.6 dB，外带抑制比为 28.4 dB，7 线光频梳的平坦度小于 1.2 dB，外带抑制比为 20.8 dB，这意味着随着展开光边带阶数的增高，生成的光频梳的平坦度和外带抑制比均会恶化。同时也可以看出，本方法生成的 5 线和 7 线光频梳具有平坦度和外带抑制比高、结构简单、梳齿间隔灵活可调的优点，但由于 DPMZM 的直流偏置电压处在非常规传输点，目前可应用于非

常规传输点偏压控制的电路非常少，因此受直流漂移影响较大，生成的光频梳在稳定性上还有待进一步提高。

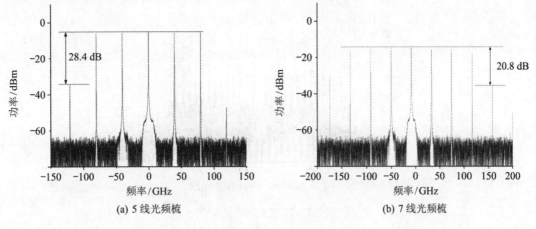

图 3-3　光谱图

本方法还可通过 DPMZM 级联的方式扩充梳齿数量生成 25 线或 49 线光频梳。下面以生成 25 线光频梳为例介绍，其原理图如图 3-4 所示。两个 DPMZM 工作状态相同，所加的射频信号分别为 RF1 和 RF2，两个射频信号频率满足 $f_{RF1} = 5f_{RF2}$ 即可，其生成过程相当于将 DPMZM1 生成的大梳齿间隔的 5 线光频梳作为 5 条新的光载波输入到 DPMZM2 中进行相同工作原理的二次调制，将每一条新的光载波调制生成小梳齿间隔的 5 线光频梳，最终实现 25 线光频梳的生成。由于 $f_{RF1} = 5f_{RF2}$，因此 DPMZM1 生成的 5 线光频梳的自由谱范围 FSR1 是 DPMZM2 输出的 25 线光频梳的自由谱范围 FSR2 的 5 倍。

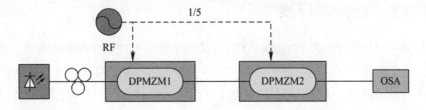

图 3-4　25 线光频梳生成原理图

本方法通过 VPI Transmission Maker 进行了 25 线光频梳生成的仿真验证。设激光器输出的光载波波长为 1551 nm，功率为 17 dBm，相对强度噪声为 −155 dB/Hz，RF1 的中心频率为 5 GHz，RF2 的中心频率为 1 GHz，DPMZM 的半波电压为 3.5 V，其仿真结果如图 3-5 所示。可以看出，生成的 25 线光频梳平坦度小于 0.5 dB，外带抑制比为 23.3 dB，均比较理想，但由于对 RF1 和 RF2 的频率有限制关系，因此在灵活调谐上有所欠缺。49 线光频梳的生成方法与 25 线类似，只需满足 $f_{RF1} = 7f_{RF2}$ 即可，本书不作赘述。

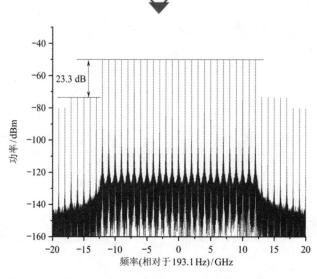

图 3-5　25 线光频梳频谱图

3.2　微波光子镜像抑制接收技术

　　射频正交下变频能够将射频信号下变频到同向和正交的基带或者中频，也叫射频 I/Q 下变频，它可用于超外差接收机、零中频接收机和微波测量系统中的镜像抑制，在现代电子系统中起着至关重要的作用。下面将从微波光子镜像抑制下变频和微波光子镜像抑制信道化两个方面展开介绍。

3.2.1　微波光子镜像抑制下变频

　　本小节提出一种基于 DPMZM 的 I/Q 镜像抑制下变频方法，可实现超宽带、高效率的微波光子 I/Q 镜像抑制下变频，两个下变频中频信号之间的相位差可以通过调制器的直流偏置进行连续和精确的调谐，从而保证了良好的 I/Q 相位平衡。实验证明，在宽工作频带范围内，该系统的镜像抑制比可以达到 40 dB 以上，其原理图如图 3-6 所示。

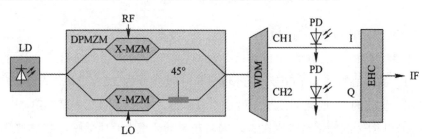

图 3-6　基于 DPMZM 的 I/Q 镜像抑制下变频原理图

光载波 $E_{in}(t) = E_0 \exp(j\omega_c t)$ 进入 DPMZM 后被等功分为两路，分别进入上路的 X-MZM 和下路的 Y-MZM 被 RF 信号和 LO 信号调制，RF 信号可表示为 $V_{RF}\sin(\omega_{RF}t)$，LO 信号可表示为 $V_{LO}\sin(\omega_{LO}t)$，两个子 MZM 均工作在最小传输工作点，即 CS-DSB 调制状态，DPMZM 的主调制器相移表示为 θ，则输出的光信号可近似表示为

$$E_{DPMZM} = \frac{E_{in}(t)}{4}\{m_{RF}[\exp(j\omega_{RF}t) - \exp(-j\omega_{RF}t)] + \tag{3-15}$$
$$m_{LO}[\exp(j\omega_{LO}t) - \exp(-j\omega_{LO}t)]\exp(j\theta)\}$$

式中，m_{RF} 为 RF 信号的调制指数；m_{LO} 为 LO 信号的调制指数。

利用波分复用分别取出 DPMZM 输出信号的正负一阶光边带，其中 CH1 输出的是 RF 信号和 LO 信号的正一阶光边带，CH2 输出的是 RF 信号和 LO 信号的负一阶光边带，分别表示为

$$E_{CH1} = \frac{E_{in}(t)}{4}[m_{RF}\exp(j\omega_{RF}t) + m_{LO}\exp(j\omega_{LO}t)\exp(j\theta)] \tag{3-16}$$

$$E_{CH2} = \frac{E_{in}(t)}{4}[m_{RF}\exp(-j\omega_{RF}t) + m_{LO}\exp(-j\omega_{LO}t)\exp(j\theta)] \tag{3-17}$$

设此时的主调制器偏置角 $\theta = 45°$，则两个 PD 的输出可分别表示为

$$i_1(t) \propto m_{RF}m_{LO}\cos[(\omega_{RF} - \omega_{LO})t - 45°] \tag{3-18}$$

$$i_2(t) \propto m_{RF}m_{LO}\cos[(\omega_{RF} - \omega_{LO})t + 45°] \tag{3-19}$$

由式(3-18)和式(3-19)可以看出，经光电探测器光电转换后输出的两路光信号幅度相同、相位相差 90°，即为 I/Q 两项中频信号。再通过正交耦合器即可分离出所需要的信号和镜像信号，即实现了镜像抑制下变频。

本方案通过实验验证了其可行性，激光器(Emcore，1782)生成的连续光载波波长为 1552 nm，功率为 17 dBm，RIN 为 -160 dBc/Hz，DPMZM(Fujitsu，FTM7961EX)的两个射频口分别接两个微波信号源(Rohde&Schwarz，SMW200A；Agilent，N5183A MXG)，生成中心频率为 40 GHz 的 RF 信号和中心频率为 39.5 GHz 的 LO 信号，且上、下两个子调制器均工作在最小传输工作点，以实现载波抑制双边带调制。DPMZM 输出的光信号被 EDFA 放大至 18 dBm 后，通过信道间隔为 50 GHz 的 WDM 将 RF 信号和 LO 信号的正负一阶光边带分离，WDM 的邻信道隔离度大于 35 dB。由图 3-7(a)可以看出，CH1 和 CH2 具有相对平衡的插入损耗和平顶响应。经过 CH1 和 CH2 后，通过光谱仪对分离出的正负一阶光边带进行测量，其结果如图 3-7(b)所示，两个光信号功率平衡、隔离度高。随后 CH1 输出的 RF 信号和 LO 信号的正一阶光边带以及 CH2 输出的负一阶光边带利用带宽为 1 GHz、响应度为 0.9A/W 的 PD 进行光电探测。

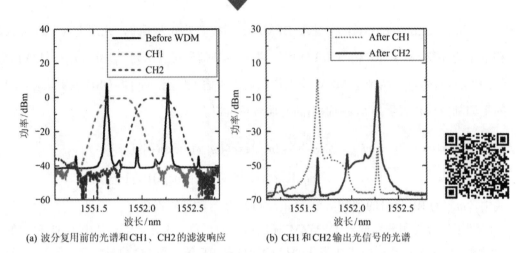

(a) 波分复用前的光谱和CH1、CH2的滤波响应　　(b) CH1和CH2输出光信号的光谱

图 3-7　复用前后光谱

　　为了验证 DPMZM 主调制器相移 θ 对输出中频(Intermediate Frequency，IF)信号的影响，设置 RF 信号和 LO 信号的功率分别为 0 dBm 和 10 dBm，利用一个带宽为 2.5 GHz 的多通道示波器同时观察两个通道输出的 IF 信号波形，其结果如图 3-8(a)所示，通过调整 DPMZM 的主偏压相位，另一个中频信号的相位在 360° 范围内连续调谐。以 CH2 为例，测量了 CH2 与 CH1 分别成 0°、45°、90°、135°、180°、225°、270°、315° 的中频信号，如图 3-8(b)～(i)所示。可以看出，不同相移的中频信号的幅值保持不变，与理论预期一致。

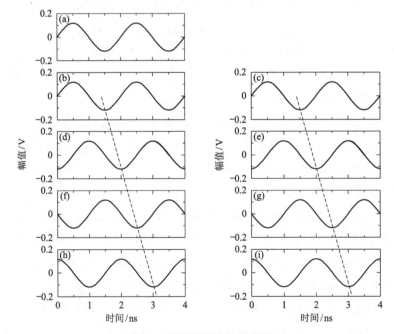

图 3-8　不同相移的中频信号

(a) CH1 的 IF 信号波形；(b)～(i) CH2 相对相移为 0°、45°、90°、135°、180°、225°、270°、315° 的波形

随后将偏置相移设置为 45° 以实现 I/Q 镜像抑制下变频。将 LO 频率设置为 39.5 GHz 保持不变，将频率为 40 GHz 的单音信号作为待接收的有用信号，输出的 0.5 GHz 的 IF 信号为所需信号。将频率为 39 GHz、带宽为 10 MHz 的宽带 RF 信号作为镜像信号，下变频后两个 IF 信号同时落入 0～500 MHz 这一频率范围内。图 3-9(a)和(b)为镜像抑制前、后的中频信号频谱图，可明显看出镜像抑制前的 SNR(Signal Noise Ratio，信噪比)仅为 10.2 dB，而镜像抑制后的 SNR 提升至 50.3 dB，所需信号对镜像干扰信号的抑制比达到 40.1 dB。

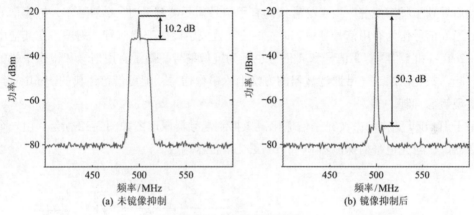

(a) 未镜像抑制　　　　　　　　(b) 镜像抑制后

图 3-9　中频信号频谱图

实验中还采用了双音信号对微波光子镜像抑制下变频链路的无杂散动态范围进行了测试。LO 信号的频率仍为 39.5 GHz，双音信号的频率分别为 39 GHz 和 39.01 GHz，测量结果如图 3-10 所示。系统的变频增益(Gain)为 −24.3 dB，IIP3 为 12.4 dB，可以得到系统的 NF 为 50.8 dB，无杂散动态范围为 106.4 $dB \cdot Hz^{2/3}$。

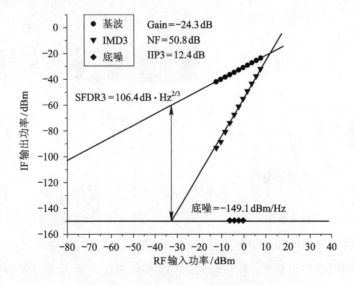

图 3-10　无杂散动态范围测试结果

3.2.2　微波光子镜像抑制信道化

信道化中所说的镜像信号，其本质其实也是宽带射频信号中的一个频谱分量，与对称相邻的另一个频谱分量互为镜像，其原理示意图如图 3-11 所示。假设宽带 RF 信号被平均分割为 6 个等带宽的窄带信号，编号为 1～6，当 LO 信号的中心频率与宽带 RF 信号的中心频率重合时，拍频得到的 IF 信号位于基带附近，此时 1 信号和 6 信号处于同一中频范围内，即下变频后导致了频谱混叠，当 1 信号作为有用信号需要被解调时，6 信号作为镜像信号干扰解调，当 6 信号作为有用信号被解调时，1 信号就成了镜像干扰信号。同理，在其他中频范围内，2 信号和 5 信号，3 信号和 4 信号也互为镜像信号。由于有用信号和镜像干扰信号混叠在一起，故无法通过光带通滤波器的方法消除镜像信号，但可借鉴经典的 Hartley 结构在光域实现镜像抑制。

基于 Hartley 结构的微波光子信道化镜像抑制混频器原理图如图 3-12 所示，由一个光正交耦合器、一对光电平衡探测器和一个电正交耦合器构成。

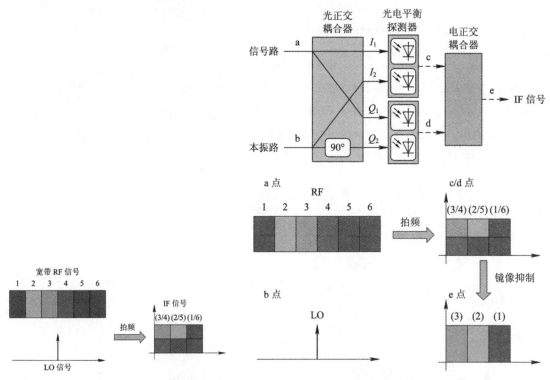

图 3-11　微波光子信道化镜像示意图　　　图 3-12　镜像抑制混频器原理图

a 点输入的调制到光域的宽带射频信号可表示为 $E_{RF}(t) = E_{in}(t)\exp(j\omega_{RF}t)$，其中 V_{RF} 和 ω_{RF} 分别为 RF 信号的幅度和角频率，b 点输入的光本振信号可表示为 $E_{LO}(t) = E_{in}(t)\exp(j\omega_{LO}t)$，其中 V_{LO} 和 ω_{LO} 分别为 LO 信号的幅度和角频率，则光正交耦合器输出的四路光信号可分别

表示为

$$
\begin{cases}
I_1 = V_{RF}\exp(j\omega_{RF}t) + V_{LO}\exp(j\omega_{LO}t) \\
I_2 = V_{RF}\exp(j\omega_{RF}t) - V_{LO}\exp(j\omega_{LO}t) \\
Q_1 = V_{RF}\exp(j\omega_{RF}t) + jV_{LO}\exp(j\omega_{LO}t) \\
Q_2 = V_{RF}\exp(j\omega_{RF}t) - jV_{LO}\exp(j\omega_{LO}t)
\end{cases}
\tag{3-20}
$$

经平衡探测后，c 点和 d 点输出的光电流可表示为

$$
\begin{cases}
i_{I(t)} = \eta V_{RF}V_{LO}AB\cos(\omega_{RF} - \omega_{LO})t \\
i_{Q(t)} = \eta V_{RF}V_{LO}AB\sin(\omega_{RF} - \omega_{LO})t
\end{cases}
\tag{3-21}
$$

式中，A 为被 RF 调制后的光信号的幅度；B 为被 LO 调制后的光本振的幅度；η 为光电平衡探测器的响应度。

此时的 I 路和 Q 路信号仍存在有用信号和镜像信号的频谱混叠，假设宽带 RF 信号中的 4 信号为有用信号，表示为 $V_u\exp(j\omega_u t)$，其中 V_u 和 ω_u 分别为有用信号的幅度和角频率，与其对称的 3 信号即为镜像信号，表示为 $V_{im}\exp(j\omega_{im}t)$，其中 V_{im} 和 ω_{im} 分别为镜像信号的幅度和角频率，由于有用信号和镜像信号的幅度是相等的，频率是关于 LO 对称的，因此有 $V_u = V_{im} = V_{RF}$，$\omega_u - \omega_{LO} = -(\omega_{im} - \omega_{LO}) = \omega_{IF}$，有用信号和镜像信号进入电正交耦合器后的输出可分别表示为

$$
\begin{aligned}
E_u &= \eta V_{RF}V_{LO}AB[\cos\omega_{IF}t + \sin(\omega_{IF} + 90°)t] \\
&= \eta V_{RF}V_{LO}AB[\cos\omega_{IF}t + \cos\omega_{IF}t] \\
&= 2\eta V_{RF}V_{LO}AB\cos\omega_{IF}t
\end{aligned}
\tag{3-22}
$$

$$
\begin{aligned}
E_{im} &= \eta V_{RF}V_{LO}AB[\cos\omega_{IF}t - \sin(\omega_{IF} + 90°)t] \\
&= \eta V_{RF}V_{LO}AB[\cos\omega_{IF}t - \cos\omega_{IF}t] \\
&= 0
\end{aligned}
\tag{3-23}
$$

由式(3-22)和式(3-23)可知，e 点输出的信号是同相叠加后光电流强度翻倍的有用信号，镜像信号由于反相对消在理论上已经被完全抑制掉了。该微波光子镜像抑制混频器可根据光频梳梳齿数量叠加使用，从而实现微波光子镜像抑制信道化，下一小节将通过基于双相干光频梳的微波光子信道化接收方案对镜像抑制效果加以实验验证。

3.3　基于双相干光频梳的微波光子信道化接收机

基于双相干光频梳的微波光子信道化接收机，其结构中最重要的两个模块是光频梳生成模块和微波光子混频模块，这两个模块不仅影响着系统的复杂程度，更是与微波光子信道化接收机的接收性能紧密相连。例如，生成光频梳的梳齿数量直接决定了信道化接收机的子信

道数量，以及微波光子混频模块能否对链路中的直流漂移、交调失真、镜像干扰等因素进行有效抑制。编者在前文已提出了 5 线、7 线光频梳的生成方法，5 线、7 线光频梳的优势在于可通过 DPMZM 级联的方式成倍扩充光频梳的梳齿数量，从而简单高效地拓展信道化接收机的最大瞬时接收带宽。本节提出的信道化方案中，光频梳生成采用的是 5 线、7 线光频梳方案，目的是为下一步多信道拓展做好前期研究基础。微波光子混频模块采用的是上文提出的微波光子镜像抑制混频器，该混频器的优势在于可通过对前端本振光频梳的合理移频实现整个宽带 RF 信号的同中频接收，除了可以有效抑制镜像频率干扰外，还可通过平衡探测技术有效抑制 IMD2 和直流漂移，对于超宽带 RF 信号接收来说大大提升了系统的 SFDR。

3.3.1　基于双相干光频梳的微波光子信道化接收机工作原理

基于双相干光频梳的微波光子信道化接收机的结构原理图如图 3-13 所示，包括激光二极管(Laser Diode，LD)、强度调制器(Intensity Modulator，IM)、光带通滤波器(Optical Band Pass Filter，OBPF)、三个 DPMZM、两个掺铒光纤放大器(EDFA)、两个可调谐光滤波器(Waveshaper，WS)、五个光正交耦合器(Optical Hybrid Couple，OHC)、十个光电平衡探测器(Balanced Photo Detector，BPD)、五个电正交耦合器(Electrical Hybrid Couple，EHC)以及五个电滤波器(Electrical Band Pass Filter，EBPF)。

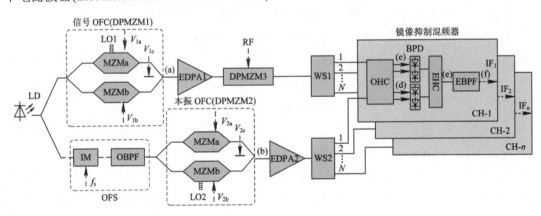

图 3-13　基于双相干光频梳微波光子信道化接收机接收原理图

LD 输出的光载波可表示为 $E_{\text{in}}(t) = E_0 \exp(\mathrm{j}2\pi f_c t)$，其中，$E_0$ 和 f_c 分别为光载波的幅度和频率，被 OC 等功分为两路后作为光载波分别进入上路的信号路和下路的本振路。上路的光载波进入 DPMZM1 被 LO1 调制，LO_1 可表示为 $V_{\text{LO1}}(t) = V_{\text{LO1}} \sin(2\pi f_{\text{LO1}} t)$，其中 V_{LO1} 和 f_{LO1} 分别为 LO1 的幅度和频率，按前文提到的 5 线光频梳生成方法中计算出的值设置 LO1 的幅度 V_{LO1} 和 DPMZM1 的三个直流偏压 V_{1a}、V_{1b}、V_{1c} 大小，即可生成平坦度和带外抑制比理想的 5 线光频梳，称为信号光频梳，信号光频梳的 FSR 为 δ_1。信号光频梳经 EDFA1 放大后在 DPMZM3 中进行载波抑制单边带调制(CS-SSB)，此时信号光频梳的每一根梳齿被宽带 RF

信号调制后生成的正一阶光边带可表示为

$$f_{\text{sig-mod}}(t) = \beta \sum_{n=1}^{+\infty} A_n \exp\left\{ j2\pi[f_{\text{sig}}(1) + (n-1)\delta_1]t + f_{\text{RF}}(t) \right\} \tag{3-24}$$

式中，A_n 为第 n 根信号光频梳的幅度；δ_1 为信号光频梳的梳齿间隔；β 为 DPMZM3 的调制指数；$f_{\text{sig}}(1)$ 为信号光频梳第一根梳齿的中心频率；$f_{\text{RF}}(t)$ 为宽带 RF 信号的中心频率。

本振路的光载波首先要经过一个由 IM 和 OBPF 组成的移频模块(OFS)来实现 f_s 的上移频，移频的目的是保证本振光频梳的每一根梳齿恰好能对准上路信号光频梳的每一根正一阶光边带的中心频率。移频模块所加的射频信号频率为 f_s，射频信号在 IM 内进行载波抑制双边带调制，利用 OBPF 滤出正一阶光边带。这条正一阶光边带作为新的光载波进入 DPMZM2 后以同样的原理生成 5 线光频梳作为本振光频梳，本振光频梳的 FSR 为 δ_2，其每一根梳齿可表示为

$$f_{\text{LO}}(t) = \sum_{n=1}^{+\infty} B_n \exp\left\{ j2\pi[f_{\text{LO}}(1) + (n-1)\delta_2]t \right\} \tag{3-25}$$

式中，B_n 为第 n 根本振光频梳的幅度；δ_2 为本振光频梳的梳齿间隔；$f_{\text{LO}}(1)$ 为本振光频梳的第一根梳齿的频率。

每个子信道的带宽为 $\Delta\delta = \delta_2 - \delta_1$，中心频率可表示为

$$\begin{aligned} f_{\text{center}}^n &= [f_{\text{LO}}(1) + (n-1)\delta_2] - [f_{\text{sig}}(1) + (n-1)\delta_1] \\ &= [f_{\text{LO}}(1) - f_{\text{sig}}(1)] + (n-1)(\delta_2 - \delta_1) \end{aligned} \tag{3-26}$$

由式(3-26)可知，每个子信道的中心频率都与两路光频梳第一根梳齿的频率位置、光边带阶数以及 FSR 直接相关，因此可通过 WS 将信号路的宽带 RF 信号和本振路的本振光频梳一一对应滤出，送入相应的镜像抑制混频器实现下变频。系统工作的频谱示意图如图 3-14(a)、(b)所示。

OHC 输出的四路光信号可表示为

$$\begin{cases} I_1 = \beta A_n \exp\{j2\pi[f_{\text{sig}}(1) + (n-1)\delta_1]t + f_{\text{RF}}(t)\} + B_n \exp\{j2\pi[f_{\text{LO}}(1) + (n-1)\delta_2]t\} \\ I_2 = \beta A_n \exp\{j2\pi[f_{\text{sig}}(1) + (n-1)\delta_1]t + f_{\text{RF}}(t)\} - B_n \exp\{j2\pi[f_{\text{LO}}(1) + (n-1)\delta_2]t\} \\ Q_1 = \beta A_n \exp\{j2\pi[f_{\text{sig}}(1) + (n-1)\delta_1]t + f_{\text{RF}}(t)\} + jB_n \exp\{j2\pi[f_{\text{LO}}(1) + (n-1)\delta_2]t\} \\ Q_2 = \beta A_n \exp\{j2\pi[f_{\text{sig}}(1) + (n-1)\delta_1]t + f_{\text{RF}}(t)\} - jB_n \exp\{j2\pi[f_{\text{LO}}(1) + (n-1)\delta_2]t\} \end{cases} \tag{3-27}$$

这四路光信号存在镜像分量的频谱混叠如图 3-14 中的(c)、(d)点所示，且无法通过光滤波器消除，经平衡探测后输出的光电流可表示为

$$\begin{cases} i_{\text{I}}(t) \propto \eta A_n B_n \cos\{2\pi[f_{\text{RF}}(t) - f_{\text{center}}^n]\}t \\ i_{\text{Q}}(t) \propto \eta A_n B_n \sin\{2\pi[f_{\text{RF}}(t) - f_{\text{center}}^n]\}t \end{cases} \tag{3-28}$$

式中，η 为光电探测器的响应度；f^n_{center} 为第 n 个子信道的中心频率。

BPD 输出的两路光电流进入 EHC 完成镜像抑制，EBPF 将所需的子信道滤出，频谱示意图如图 3-14 中的(e)和(f)点所示。

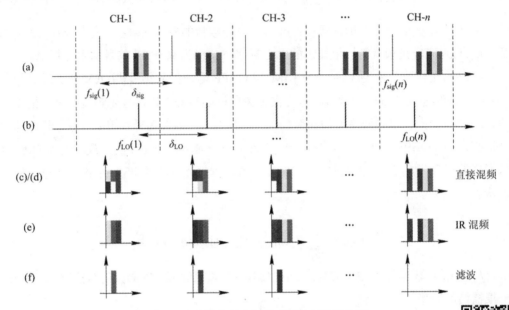

图 3-14　系统工作在不同点时的频谱示意图

3.3.2　实验结果与讨论

本方案通过搭建实验链路验证了工作频段在 25～30 GHz，子信道数量为 5 个，子信道带宽为 1 GHz 的信道化接收实验。实验链路如图 3-15 所示。

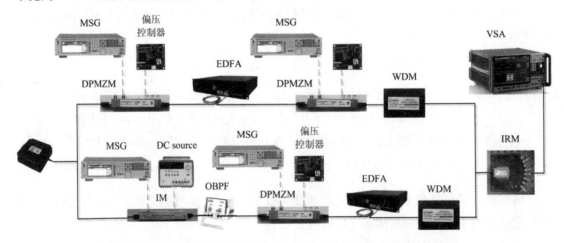

图 3-15　基于双相干光频梳的微波光子信道化接收机实验链路示意图

5 线光频梳生成的实验在前文已经完成，实验结果如图 3-3(a)所示，生成的信号光频梳

FSR 为 40 GHz，经 EDFA(KPS-STD-BT-C-19-HG)进行功率补偿，NF 为 4.5 dB。功率放大后的信号光频梳输入 DPMZM3(Fujitsu，FTM7961)被任意波形发生器(Keysight，M9502A)生成的 25～30 GHz 的宽带射频信号实现 CS-SSB 调制。本振路的移频模块由半波电压为 3.5 V 的 IM(Fujitsu，FTM7938)和 OBPF(Yenista，XTM-50)组成，微波信号源(Agilent，N5183A MXG)生成的频率为 26 GHz 的单音信号加载在移频模块上，输出的正一阶光边带作为本振光频梳的光载波进入 DPMZM2 (Fujistu，FTM7962EP)并被微波信号源(Agilent，N5183A MXG)生成的频率为 39 GHz 的 LO 信号调制生成 FSR 为 39 GHz 的本振光频梳。信号路中每一条携带宽带 RF 信号的光边带和与其频率对应的本振光频梳分别被两个 WS(Finisar，16000S)筛选出后送入同一个镜像抑制混频器。每个镜像抑制混频器由一个 OHC(Kylia，COH24)、两个 BPD(Finisar，BPDV2150R)、一个 EHC(Krytar，3017360)和一个通带带宽为 1～2 GHz 的 EBPF 构成。

　　为了验证平衡探测对二阶交调失真(Second-order Intermodulation Distortion，IMD2)的抑制效果及对系统无杂散动态范围提升的理论值，首先利用两个频率为 27.5 GHz 和 27.51 GHz、功率为 0 dBm 的双音信号进行二阶交调失真抑制的仿真测试，LO 的频率为 27 GHz，下变频后的结果如图 3-16(a)所示，未加平衡探测时基波项的频率为 500 MHz 和 510 MHz，功率为 −18.4 dBm，二阶交调失真项的频率为 10 MHz，功率为 −29.8 dBm，三阶交调失真(Third-order Intermodulation Distortion，IMD3)的频率为 490 MHz 和 520 MHz，功率为 −38.1 dBm。加了平衡探测后的结果如图 3-16(b)所示，二阶交调被明显抑制，抑制比达到 64.4 dBm，同时三阶交调也被抑制了 6 dBm，基波获得了 6 dBm 的提升。

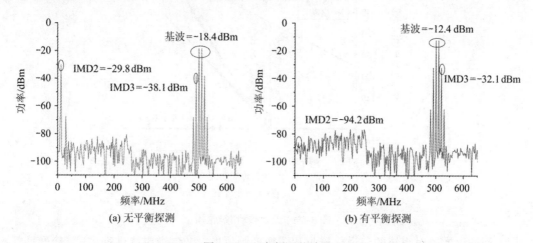

图 3-16　下变频测试结果

　　随后继续测试了有、无平衡探测时的无杂散动态范围，结果如图 3-17(a)所示，未加平衡探测时虽然三阶无杂散动态范围(Third-order Spurious Free Dynamic Range，SFDR3)可达到 101.2 dB · Hz$^{2/3}$，但当接收的射频信号带宽较大时，二阶无杂散动态范围(Second-order

Spurious Free Dynamic Range，SFDR2)会落在 IF 频率范围内或其附近，这也是造成系统失真的主要因素，由于此时的 SFDR2 只有 70.1 dB·Hz$^{1/2}$，严重限制了整个接收系统的无杂散动态范围。由图 3-17(b)可以看出，加了平衡探测后的 IMD2 被显著抑制，转换增益由 −20.3 dB 变为 −10.6 dB，提升了 9.7 dB。此时的 SFDR3 为 102.7 dB·Hz$^{2/3}$，虽然提升不多，可由于 IMD2 得到了很好的抑制，此时系统的 SFDR2 比未加平衡探测时提高了 28.3 dB，系统的整体无杂散动态范围得到了较大提升。

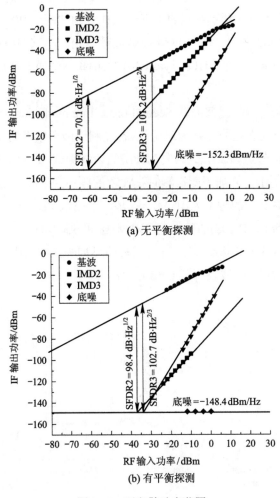

(a) 无平衡探测

(b) 有平衡探测

图 3-17　无杂散动态范围

下面通过实验对系统的信道化接收和镜像抑制效果以及信道串扰进行测试，镜像抑制的实验结果如图 3-18 所示。由图 3-18(a)可以看出未做镜像抑制处理时，下变频生成的有用信号和镜像信号出现了频谱混叠，镜像信号无法直接通过滤波器消除，而经过镜像抑制后的频谱图如图 3-18(b)所示，此时的镜像信号已得到了显著抑制。

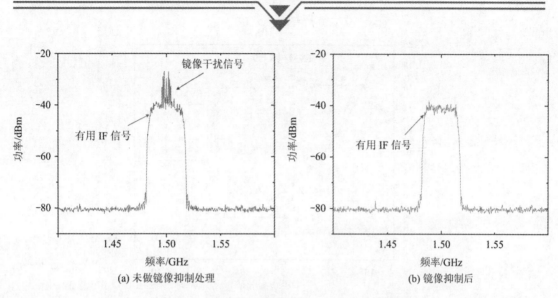

(a) 未做镜像抑制处理　　　　　　　　　　(b) 镜像抑制后

图 3-18　有用信号和镜像信号下变频后 IF 的频谱

信道串扰主要是由未完全抑制掉的光载波或光边带泄漏到其他信道导致的，因此在实验时可将第 1 信道看作主信道，其余信道为干扰信道。串扰测量结果如图 3-19 所示，可看出 4 个干扰信道中离主信道最近的第 2 信道串扰影响最大，为 22 dB，符合理论推测，这也表明了接收机的信道隔离度均高于 22 dB。

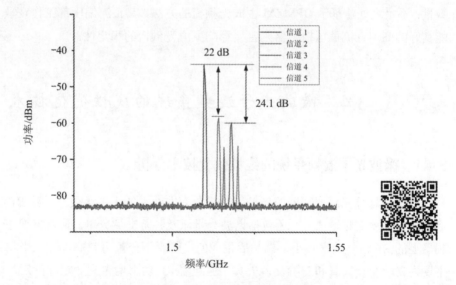

图 3-19　第 2、3、4、5 信道对第 1 信道的串扰影响

实验最后还测量了随着 RF 信号功率递增时的误差矢量幅度(Error Vector Magnitude, EVM)曲线以及几个特殊点的星座图，如图 3-20 所示，RF 的功率范围从 −15 dBm 递增到 10 dBm 时，EVM 先是逐渐变小直至达到最小值(约为 4.2%)，此时的星座图也较为理想，随后 EVM 会随着 RF 功率的增大而变大，星座图也随之恶化。

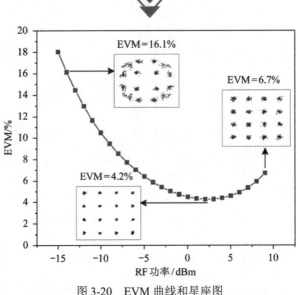

图 3-20　EVM 曲线和星座图

　　EVM 曲线随 RF 功率的增加先变小再变大的原因在于：RF 功率较小时，EVM 恶化的原因主要是由于噪声导致的，而 RF 功率增大到一定值时，EVM 恶化的主要原因是由于非线性失真导致的。相比于其他微波光子信道化接收方案，本方案在工作带宽、镜像抑制、信道串扰、SFDR 等指标上都有较好的表现，特别是可通过 DPMZM 级联的方式成倍扩充子信道数量；不足之处是基于 DPMZM 生成光频梳的方法，其直流偏压都工作在非常规点，若无性能良好的商用直流偏压控制器则直接影响生成光频梳的稳定性。

 3.4　微波光子混频系统的线性优化技术

3.4.1　微波光子混频系统的线性优化技术分析

　　由于马赫曾德尔调制器的传输函数是具有非线性的正弦函数，导致 RF 信号调制到光域后不仅有需要的频谱成分，还包括谐波分量以及各阶交调分量。通常情况下，加载在光电调制器上的 RF 信号功率较小，调制后生成的高阶交调分量可忽略不计，影响系统动态范围的主要为二阶交调失真和三阶交调失真，但随着 RF 功率增大到一定程度后高阶交调分量的幅度也会增大，成为导致非线性失真的主要因素。对于亚倍频程的宽带 RF 信号，其 IMD2 落在离宽带信号频率较远的位置，可通过 OBPF 滤除，而对于多倍频程的宽带 RF 信号，其 IMD2 会落在宽带信号频谱范围内，无法通过 OBPF 滤除，此时可利用平衡探测技术或将光电调制器设置在正交点以实现对 IMD2 的有效抑制。平衡探测技术对 IMD2 的抑制效果在上文已经进行了实验验证，本小节主要研究如何通过抑制 IMD3 提升系统的整体 SFDR。

目前已报道的抑制 IMD3 的方案较多，主要包括在数字域完成的基于 DSP 技术的线性度优化技术、在光域完成的双调制器非线性相消技术、光滤波优化技术、IMD3 部分抑制的线性优化技术等。

在数字域实现线性度优化的方案又可分为光电调制前的预失真处理以及经 PD 后的补偿处理，其方案原理图如图 3-21 所示。这类方法结构较为简单，但由于用到了模数转换模块和数模转换模块，因此所能处理的信号频率和带宽受限，无法对超宽带信号进行线性优化，失去了微波光子链路的天然优势。

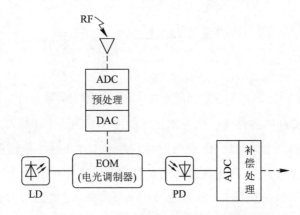

图 3-21　基于 DSP 技术的预失真处理或补偿处理线性度优化原理

双调制器非线性相消技术的原理图如图 3-22 所示，LD 输出的光载波被偏振光分束器 (Polarizing Beam Splitter，PBS) 分为上、下两路，上、下路的电光调制器均被同一个射频源发出的 RF 信号调制，但调制工作点不同且所加载的 RF 功率不同，其主要思想是让上、下两路生成的基波信号功率相差较大而生成的 IMD3 功率相等，两路相减后基波信号功率略微减小而 IMD3 恰好相消。这类方案的线性优化效果较理想，但结构相对复杂，而且由于调制器工作点通常为非特殊工作点，因此还存在不稳定性因素。

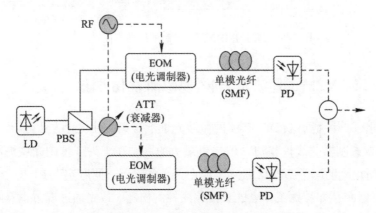

图 3-22　基于双调制器的线性度优化原理

基于光滤波优化的线性度优化方案原理如图 3-23 所示，利用两个相位调制器(Phase Modulator，PM)级联的方式对 RF 信号和 LO 信号进行光电调制，调制器的工作点可根据对光载波或光边带的抑制需要合理设置，最后利用窄带光纤布拉格光栅(Fiber Bragg Grating，FBG)滤除光载波，实现下变频后对 IF 信号中 IMD3 的抑制。这类方案对窄带光滤波器的滤波质量要求较高，而目前商用的窄带光滤波器普遍存在滚降因子小而导致光载波或光边带残余的问题。

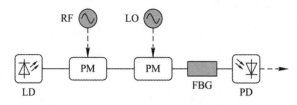

图 3-23　基于光滤波优化的线性度优化原理

基于 IMD3 部分抑制的线性度优化方案原理如图 3-24 所示，其基本思想是将 LD 输出的光载波分为上、下两路，上路加载 RF 信号时使调制器工作在最小传输点以实现对光载波和偶数阶光边带的抑制，随后与下路未经调制的光载波重新耦合后拍频，可对生成的部分 IMD3 的频谱分量进行有效抑制，但无法对全部的 IMD3 都抑制。这类方案的优势是结构简单、易于实现。

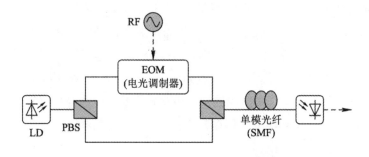

图 3-24　基于 IMD3 部分抑制的线性度优化原理

3.4.2　基于双 DPMZM 的微波光子下变频线性优化方法

本小节提出了一种基于双 DPMZM 的微波光子下变频线性优化方法，从优化原理来分的话属于上述的双调制器非线性相消，但二者最大的区别在于为了抑制光载波和偶数阶光边带，本方案中所用到的两个 DPMZM 均工作在最小传输点，同时实现 RF 信号和 LO 信号的 CS-DSB 调制，避免了非特殊工作点的直流偏压控制问题。首先通过调节电衰减器(Electrical Attenuator，EA)的衰减值，使加载在 X-DPMZM 上的 RF 信号和加载在 Y-DPMZM 上的 LO

信号幅度之比为一定值，然后使这两路输出信号中的 IMD3 分量相等，最后利用平衡探测技术将两路信号中的 IMD3 分量抵消，得到基波分量。

系统的方案原理图如图 3-25 所示，LD 生成的连续光载波经过光分路器后等功分为上、下两路分别进入 X-DPMZM 和 Y-DPMZM，射频信号源产生的 RF 信号以及本振信号源产生的 LO 信号分别被 ES1 和 ES2 等分为两路，各自连接电衰减器后加载在 X-DPMZM 和 Y-DPMZM 相应的射频输入口，两个 DPMZM 的所有工作点均设置为最小传输点，当两个电衰减器满足特定的比例关系时，X-DPMZM 和 Y-DPMZM 输出的两路信号经过 BPD 后可消除 IMD3 分量，而不影响所需要的基波分量，具体的数学推导过程如下。

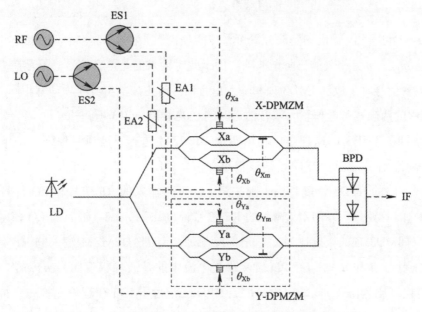

图 3-25　基于双 DPMZM 的微波光子下变频线性度优化原理

设 LD 输出的光信号为 $E_c(t) = E_c \exp(j\omega_c t)$，其中 E_c 和 ω_c 分别为光载波的幅度和角频率，RF 信号和 LO 信号分别为 $V_{RF} \sin(\omega_{RF} t)$ 和 $V_{LO} \sin(\omega_{LO} t)$，其中 V_{RF} 和 ω_{RF} 分别为 RF 信号的幅度和角频率，V_{LO} 和 ω_{LO} 分别为 LO 信号的幅度和角频率，则 X-DPMZM 输出的光信号可表示为

$$
\begin{aligned}
E_{\text{X-DPMZM}}(t) &= E_{Xa}(t) + E_{Xb}(t)e^{j\theta_{Xm}} \\
&= \frac{\sqrt{2\mu}}{2} E_c e^{j\omega_c t} \left\{ \cos\frac{\theta_{Xa}}{2} + \cos\frac{\theta_{Xb}}{2} e^{j\theta_{Xm}} + \right. \\
&\quad j\sin\frac{\theta_{Xa}}{2} J_1(m_{RF})[\exp(j\omega_{RF}t) - \exp(-j\omega_{RF}t)] + \\
&\quad \left. j\sin\frac{\theta_{Xb}}{2} J_1(m_{LO})[\exp(j\omega_{LO}t) - \exp(-j\omega_{LO}t)]e^{j\theta_{Xm}} \right\}
\end{aligned}
$$

(3-29)

式中，μ 为调制器的插入损耗；m_{RF} 为射频信号的调制指数；m_{LO} 为本振信号的调制指数。

X-DPMZM 输出的光信号若直接进入单 PD 光电探测，则输出的光电流可表示为

$$i_{RF}(t) = \eta \left| E_{X\text{-}DPMZM}(t) \right|^2 \tag{3-30}$$

其中，η 是 PD 的响应度。对式(3-30)进行贝塞尔展开，由于高阶项的影响相对较小，因此化简时可忽略，则输出的 IF 信号中的基波分量可表示为

$$i_{IF}(t) = 2\mu\eta E_c^2 \cdot \sin\frac{\theta_{Xa}}{2}\sin\frac{\theta_{Xb}}{2}\cos\theta_{Xm}J_1(m_{RF})J_1(m_{LO}) \cdot \cos(\omega_{IF}t)$$

$$\approx \frac{1}{2}\mu\eta E_c^2 \cdot \left(m_{RF}m_{LO} - \frac{1}{32}m_{RF}^3 m_{LO} \right) \cdot \sin\frac{\theta_{Xa}}{2}\sin\frac{\theta_{Xb}}{2}\cos\theta_{Xm} \cdot \cos(\omega_{IF}t) \tag{3-31}$$

由式(3-31)可看出，输出的基波分量可看作两项，一项为与 m_{RF}、m_{LO} 相关的一阶信号项，另一项为与 m_{LO}、m_{RF}^3 相关的三阶谐波项。由于此时输入的是单音信号，不存在 IMD3 项，但当输入双音信号时生成的 IMD3 项和输入单音信号时生成的 IMD3 项具有相同的系数，因此式(3-31)中的两项也可看作输入双音信号时的基波项和 IMD3 项。

本方案抑制 IMD3 的原理是，利用两个 DPMZM 进行下变频且保证上、下两路生成的 IMD3 幅度相同，经过 BPD 后基波信息保留，IMD3 相消，从而提高系统的 SFDR。若要使上、下路的 IMD3 幅度相同，则需要上、下路输入的 RF 信号和 LO 信号幅度比为一定值。例如，当两个 DPMZM 输入的 RF 信号幅度比为 $n:1$，输入的 LO 信号幅度比为 $m:1$ 时，则 IMD3 项的幅度比为 $(n^3 \times m):1$，那么当下路 DPMZM 输入的 RF 信号和 LO 信号幅度分别为 m 和 n^3 时，经 PD 后两路光电流中的基波项幅度比为 $(n \times m):(n^3 \times m)$，IMD3 项的幅度比为 $(n^3 \times m):(n^3 \times m)$，经 BPD 相消后 IMD3 在理论上被完全抑制。

令输入 X-DPMZM 的 RF 信号和 LO 信号幅度分别为 V_{RF1} 和 V_{LO1}，对应的调制指数分别为 m_{RF1} 和 m_{LO1}，输入 Y-DPMZM 的 RF 信号和 LO 信号幅度分别为 V_{RF2} 和 V_{LO2}，对应的调制指数分别为 m_{RF2} 和 m_{LO2}，则两个 DPMZM 输出的两路光信号经 BPD 后的光电流可表示为

$$\begin{cases} i_{PD1}(t) \approx \frac{1}{2}\mu\eta E_c^2 \cdot \left(m_{RF1}m_{LO1} - \frac{1}{32}m_{RF1}^3 m_{LO1} \right) \cdot \sin\frac{\theta_{Xa}}{2}\sin\frac{\theta_{Xb}}{2}\cos\theta_{Xm} \cdot \cos(\omega_{IF}t) \\ i_{PD2}(t) \approx \frac{1}{2}\mu\eta E_c^2 \cdot \left(m_{RF2}m_{LO2} - \frac{1}{32}m_{RF2}^3 m_{LO2} \right) \cdot \sin\frac{\theta_{Ya}}{2}\sin\frac{\theta_{Yb}}{2}\cos\theta_{Ym} \cdot \cos(\omega_{IF}t) \end{cases} \tag{3-32}$$

若未经过电衰减器之前，RF 信号源和 LO 信号源的调制指数分别为 m_{RF}、m_{LO}，RF 信号源发出的信号首先经过一个 50:50 的电分路器分为两路，然后其中一路接入一个衰减系数为 α_1 的电衰减器后输入 Y-DPMZM，另一路直接输入 X-DPMZM。同理，LO 信号源发出的信号也等分为两路，一路接入一个衰减系数为 α_2 的电衰减器后输入 X-DPMZM，另一路直

接输入 Y-DPMZM。此时，X-DPMZM 和 Y-DPMZM 四个射频输入口的调制指数与 m_{RF} 和 m_{LO} 的关系如表 3-1 所示。

表 3-1　调制指数的对应关系

信号源输出端调制指数	调制器输入端调制指数表达式
m_{RF}	$m_{\mathrm{RF1}} = \dfrac{m_{\mathrm{RF}}}{\sqrt{2}}$
	$m_{\mathrm{RF2}} = \dfrac{m_{\mathrm{RF}}}{\sqrt{2}}\sqrt{\alpha_1}$
m_{LO}	$m_{\mathrm{LO1}} = \dfrac{m_{\mathrm{LO}}}{\sqrt{2}}\sqrt{\alpha_2}$
	$m_{\mathrm{LO2}} = \dfrac{m_{\mathrm{LO}}}{\sqrt{2}}$

将表中 m_{RF1}、m_{RF2}、m_{LO1}、m_{LO2} 的表达式代入式(3-32)可以得到：

$$
\begin{cases}
i_{\mathrm{PD1}}(t) \approx \dfrac{1}{2}\mu\eta E_{\mathrm{c}}^2 \cdot \left[\dfrac{m_{\mathrm{RF}}}{\sqrt{2}}\dfrac{m_{\mathrm{LO}}}{\sqrt{2}}\sqrt{\alpha_2} - \dfrac{1}{32}\left(\dfrac{m_{\mathrm{RF}}}{\sqrt{2}}\right)^3 \dfrac{m_{\mathrm{LO}}}{\sqrt{2}}\sqrt{\alpha_2} \right] \cdot \\[2mm]
\qquad \sin\dfrac{\theta_{\mathrm{Xa}}}{2}\sin\dfrac{\theta_{\mathrm{Xb}}}{2}\cos\theta_{\mathrm{Xm}} \cdot \cos(\omega_{\mathrm{IF}}t) \\[3mm]
i_{\mathrm{PD2}}(t) \approx \dfrac{1}{2}\mu\eta E_{\mathrm{c}}^2 \cdot \left[\dfrac{m_{\mathrm{RF}}}{\sqrt{2}}\sqrt{\alpha_1}\dfrac{m_{\mathrm{LO}}}{\sqrt{2}} - \dfrac{1}{32}\left(\dfrac{m_{\mathrm{RF}}}{\sqrt{2}}\sqrt{\alpha_1}\right)^3 \dfrac{m_{\mathrm{LO}}}{\sqrt{2}} \right] \cdot \\[2mm]
\qquad \sin\dfrac{\theta_{\mathrm{Ya}}}{2}\sin\dfrac{\theta_{\mathrm{Yb}}}{2}\cos\theta_{\mathrm{Ym}} \cdot \cos(\omega_{\mathrm{IF}}t)
\end{cases}
\tag{3-33}
$$

则经 BPD 后的光电流可表示为

$$
\begin{aligned}
i_{\mathrm{BPD}}(t) &= i_{\mathrm{PD1}}(t) - i_{\mathrm{PD2}}(t) \\
&\approx \dfrac{1}{4}\mu\eta E_{\mathrm{c}}^2 \cdot \left[m_{\mathrm{RF}}m_{\mathrm{LO}}(\sqrt{\alpha_2} - \sqrt{\alpha_1}) + \dfrac{m_{\mathrm{RF}}^3 m_{\mathrm{LO}}}{64}((\sqrt{\alpha_1})^3 - \sqrt{\alpha_2}) \right] \cdot \\
&\quad \sin\dfrac{\theta_{\mathrm{a}}}{2}\sin\dfrac{\theta_{\mathrm{b}}}{2}\cos\theta_{\mathrm{m}} \cdot \cos(\omega_{\mathrm{IF}}t)
\end{aligned}
\tag{3-34}
$$

为了确保上、下路输出的特性抑制，X-DPMZM 和 Y-DPMZM 均工作在最小传输点且直流偏置角对应相等，当满足式(3-35)时，上、下路的 IMD3 幅度相等，经 BPD 后只保留基波项：

$$
(\sqrt{\alpha_1})^3 = \sqrt{\alpha_2} \quad (\alpha_1 \neq 1,\ \alpha_2 \neq 1)
\tag{3-35}
$$

联立式(3-34)和式(3-35)可得到 IF 信号的光电流表达式为

$$i_{BPD}(t) = \frac{1}{4}\mu\eta E_c^2 \cdot \{m_{RF}m_{LO}[(\sqrt{\alpha_1})^3 - \sqrt{\alpha_1}]\} \cdot \sin\frac{\theta_a}{2}\sin\frac{\theta_b}{2}\cos\theta_m \cdot \cos(\omega_{IF}t) \quad (3\text{-}36)$$

此时的 IMD3 项已被完全抵消，输出的光电流中只有基波项，系统的变频增益可表示为

$$
\begin{aligned}
G &= \frac{P_{IF}}{P_{RF}} \\
&= \frac{\dfrac{1}{32}(\mu\eta E_c^2)^2\{m_{RF}m_{LO}[(\sqrt{\alpha_1})^3 - \sqrt{\alpha_1}]\}^2\left(\sin\dfrac{\theta_a}{2}\sin\dfrac{\theta_b}{2}\cos\theta_m\right)^2 R}{V_{RF}^2/2R} \\
&= \frac{1}{16}\mu^2\eta^2 E_c^4\left(\frac{\pi}{V_\pi}\right)^2[(\sqrt{\alpha_1})^3 - \sqrt{\alpha_1}]^2 m_{LO}^2\left(\sin\frac{\theta_a}{2}\sin\frac{\theta_b}{2}\cos\theta_m\right)^2
\end{aligned}
\quad (3\text{-}37)
$$

由式(3-37)可以发现，在完成了对 IMD3 抑制的基础上，电衰减器衰减系数的大小还直接影响系统的变频增益，当满足式(3-38)时系统可达到最大变频增益。

$$\alpha_1 = \frac{1}{3} \quad 且 \quad \begin{cases} \theta_a = (2k_1+1)\pi \\ \theta_b = (2k_2+1)\pi, \quad (k_1,k_2,k_3 = 1,2,3,\cdots) \\ \theta_m = k_3\pi \end{cases} \quad (3\text{-}38)$$

计算得到系统最大变频增益时，两个电衰减器衰减系数的值分别 4.77 dB 和 14.31 dB。

本方法通过 VPI Transmission Maker 进行了仿真，为了证明对 IMD3 的抑制效果和对系统 SFDR 的提升，本方案作为优化组与对照组(单 DPMZM 不加电衰减器的下变频方案)进行了抑制结果的比对，两组器件的参数相同，只是在结构上相差一个 DPMZM、两个电功分器、两个电衰减器和一个 PD。

在优化组中，射频信号源分别产生 10 GHz 和 10.05 GHz 的双音射频信号，经耦合后该信号被 ES1 等功分为两路，其中一路直接加载在 X-DPMZM 的射频输入口，另一路经 EA1 衰减 4.77 dB 后加载在 Y-DPMZM 的射频输入口；本振信号源产生 9.5 GHz 的射频信号，该信号被 ES2 等功分为两路，一路直接加载在 X-DPMZM 的本振输入口，另一路经过 EA2 衰减 14.31 dB 后加载在 Y-DPMZM 的本振输入口。

在对照组中，激光器生成同样参数的光载波后直接输入 DPMZM 的上、下臂，射频信号源生成同样频率的双音信号后直接加载在 DPMZM 的上臂，没有了射频信号的功分和衰减步骤，5 GHz 的 LO 信号直接加载在 DPMZM 的下臂，同样不经过功分和衰减，送入响应度为 0.75 A/W 的 PD 后用频谱分析仪显示频谱信息。

两组实验中用到的双音信号和 LO 信号频率一致，因此生成的 IMD3 频率均为 0.45 GHz 和 0.6 GHz，但是由于优化组中还额外用到了电功分器和电衰减器，因此在射频源输出的双音信号功率也一致的情况下，难以证明对 IMD3 的抑制效果，只有在两组实验得到基波功率相同的情况下方可看出优化组对 IMD3 的抑制效果，而此时双音信号的功率必然不同。经测

试，在两组 LO 信号功率均为 14 dBm 且不变的情况下，优化组中双音信号功率为 14 dBm，对照组双音信号功率为 0 dBm 时，输出的基波功率相同，均为 −48.1 dBm，如图 3-26 所示，从图中可看到优化后 IMD3 被抑制了 23.1 dB，抑制效果显著。

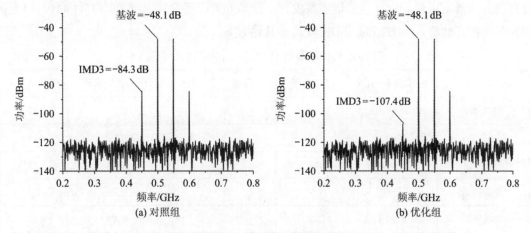

图 3-26　下变频后的频谱图

优化前、后系统 SFDR 的测试结果如图 3-27 所示，可看出优化后系统的 SFDR 由之前的 107.1 dB·$Hz^{2/3}$ 提高到 119.4 dB·$Hz^{2/3}$，增大了 12.3 dB，但链路增益优化后反而变小，这是由于优化系统使用的 DPMZM 数量增加了，光电器件本身转换效率相对较低，用到的器件越多则损耗越大。另外，电衰减器和电功分器自身也有插损，还有光电探测器由单 PD 变成了 BPD 也造成了部分信号功率流失，最终导致系统的增益变小。在实际应用中，系统增益减小的问题可通过 EDFA 进行适当的功率补偿来解决。

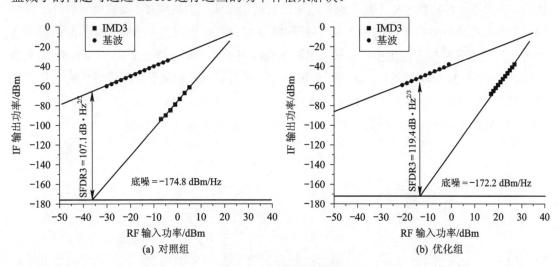

图 3-27　SFDR 测试结果

表 3-2 是本方案与其他信道化方案性能指标的对比。本方案与其他几个方案相比看似在

子信道数量上并不占优势，然而可通过级联所提出的 5 线光频梳生成模块的方法将子信道数量倍增至 25 信道，所提的光频梳生成方法具有平坦度和带外抑制比高的优势。隔离度较差是由所用器件消光比较小和滤波器不够理想导致的，若选用消光比高的器件以及滚降因子较理想的滤波器可以进一步提升信道隔离度。本方案可实现镜像抑制而文献[45]和[105]却无镜像抑制功能，此外，本方案的 SFDR 均高于其他方案。

表 3-2　本方案与其他方案性能对比情况

方案	工作频率/GHz	子信道数	子信道带宽/GHz	SFDR3/(dB·Hz$^{2/3}$)	隔离度/dB
本方案	25~30	5	1	102.7	22
文献[59]	6~15	9	1	92	44
文献[122]	3.75~7.25	7	0.5	NA	35
文献[61]	13~18	5	1	95	22
文献[68]	7~13	6	1	NA	25

本 章 小 结

本章针对相干双光频梳结构下的微波光子信道化接收技术开展了分析与研究。首先提出了 5 线、7 线光频梳的生成方法。其次在对双光频梳下变频时的镜像干扰原因进行了深入分析后，提出了一种适用于相干双光频梳结构的信道化镜像抑制混频器，该混频器可有效解决同一中频范围内的对称子信道频谱混叠问题；将 5 线光频梳生成技术与镜像抑制混频器结合后用于一种双光频梳信道化接收方案，通过实验证明了该方案可将一个 25~30 GHz 的宽带 RF 信号划分为 5 个带宽为 1 GHz 的子信道接收。最后针对微波光子混频的线性度优化问题进行了分析，提出了一种基于双 DPMZM 结构的线性度优化方案，仿真结果表明该方法可对 IMD3 起到显著抑制效果，将系统的 SFDR 在原方案基础上提升 12.3 dB。

第4章

基于零中频架构的微波光子信道化接收技术

本章提出了一种零中频接收方法,它利用一个光频梳和窄带光滤波器组即可实现待接收信号的频谱分离,并用所提出的 I/Q 幅相平衡及精细调控技术实现 I/Q 解调。由于只用到一个光频梳生成模块,因此系统结构简单,此外,I/Q 幅相平衡及精细调控技术可最大限度地减小镜像信号的干扰。

4.1 射频接收机的架构分析

射频接收机从架构上可分为超外差接收机、近零中频接收机和零中频接收机三种,其中超外差接收机应用最为广泛,其结构如图 4-1 所示。

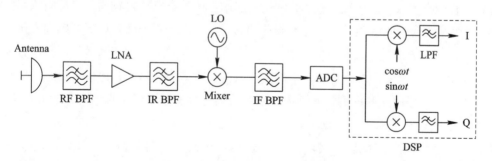

图 4-1 超外差接收机结构原理图

待接收的射频信号首先经过一个电滤波器将所需的射频信号滤出,经低噪声放大器(Low Noise Amplifier,LNA)放大后送入镜像抑制滤波器将镜像信号抑制到一个可接收的程度,镜像抑制后的 RF 信号在混频器中与 LO 信号拍频,输出的 IF 信号经带通滤波器后滤出所需信号,因此该滤波器的滤波性能直接影响接收机的子信道带宽和灵敏度,随后还要经过第二次

I/Q 下变频得到 I 路和 Q 路基带信号。超外差接收机具有信道可调谐、灵敏度高等优点，甚至被认为是可靠性最高的接收机拓扑结构；但其缺点也较为突出，首先需要两级或者多级下变频导致系统结构较为复杂，其次由于用到的滤波器较多，特别是镜像抑制滤波器和中频滤波器的 Q 值直接影响接收机的接收性能，此外，受制造工艺限制，这些滤波器与其他电路难以集成在一块芯片上导致接收机的尺寸较大、成本较高。

零中频接收机的结构原理图如图 4-2 所示，待接收的射频信号同样先经过一个电滤波器滤波，滤出所需的射频信号后先经过一个 LNA 放大，然后等功分为两路，这两路 RF 信号分别与一对相互正交的 LO 信号混频，经低通滤波器滤波后可输出 I/Q 基带信号。与超外差接收机的多级下变频的复杂结构相比，零中频接收机直接一次下变频到基带，大大简化了系统的复杂程度。由于不需要使用镜像抑制滤波器和信道选择滤波器，因此在集成难度上和成本上都显著降低了。但零中频接收机的缺点也同样明显，主要表现为受光电器件加工工艺限制导致的各种非理想特性，例如相位噪声、热噪声、放大器非线性、直流偏置和镜像干扰等。本书主要针对直流偏置和 I/Q 幅相不平衡导致的镜像干扰这两点进行分析和抑制。

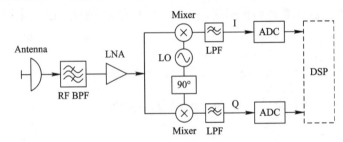

图 4-2　零中频接收机结构原理图

(1) 本振泄漏导致的直流偏置。由于零中频接收机混频器输入的射频信号和本振信号频率相同，若两个输入口的隔离度较差，则输入的本振信号会顺着射频输入口反向泄漏并通过天线辐射出去，经反射后再次被零中频接收机接收，二次经过混频器后下变频到零频导致直流偏置出现。直流偏置对接收机的影响甚大，除了对主频信号造成干扰外，还会导致在后级电路的 BPD 出现严重的电路饱和，影响接收机的接收效果。对于直流偏置引起的失真，可通过基于微波光子的平衡探测技术解决，本章后续内容进行了相应的公式推导和实验。

(2) I/Q 幅相不平衡导致的镜像干扰。从理论上讲，当 I、Q 两路信号在混频器中严格正交的话是不会出现镜像干扰的，但是在实际应用中导致 I/Q 两路幅相不平衡的因素众多，例如现阶段的混频器受制作工艺限制无法做到严格正交，滤波器等器件的幅度和相位的响应不同也会对 I/Q 幅相平衡产生影响。特别是大多数器件对信号的响应往往是与信号频率相关的，由其导致的 I/Q 幅相不平衡也就是频率相关的，处理起来比较棘手。本节针对频率无关情况下，由于混频器无法严格正交而导致的 I/Q 失衡进行了分析，并在后文中提出了对应的解决办法。

在不考虑器件频率相关对 I/Q 幅相平衡影响的前提下，假设 I/Q 不平衡完全是由本振信号引入的，则建立的 I/Q 不平衡模型如图 4-3 所示，其中将低通滤波器和功率放大器等效为一个滤波器并分别表示为 $H_I(t)$ 和 $H_Q(t)$。

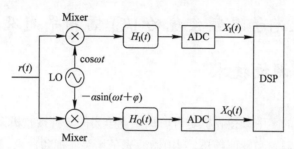

图 4-3　零中频接收机的 I/Q 不平衡模型

$r(t)$ 表示理想情况下接收到的射频信号：

$$r(t) = Z_I(t)\cos(\omega_c t) - Z_Q(t)\sin(\omega_c t) \tag{4-1}$$

式中，ω_c 是载波频率，$Z_I(t)$ 和 $Z_Q(t)$ 分别表示在严格正交条件下接收到的理想 I/Q 信号。假设自身 I/Q 不平衡的 LO 信号可表示为

$$X_{LO}(t) = \cos(\omega_{LO}t) - j\alpha\sin(\omega_{LO}t + \varphi) = e^{-j\omega_{LO}t} + \frac{1-\alpha e^{j\varphi}}{2}e^{j\omega_{LO}t} \tag{4-2}$$

式中，ω_{LO} 是 LO 信号的角频率，α 表示幅度不平衡因子，φ 表示相位不平衡因子。由式(4-2)可以看出，若 LO 信号自身存在 I/Q 不平衡($\alpha \neq 1$ 或 $\varphi \neq 0$)，则会生成一个幅度为 $\frac{1-\alpha e^{j\varphi}}{2}$ 的镜像信号，经过正交混频和低通滤波器后得到的基带信号可表示为

$$X(t) = \frac{1+\alpha e^{-j\varphi}}{2}Z + \frac{1-\alpha e^{j\varphi}}{2}Z^* = Z_I(t) + j[\alpha\cos\varphi Z_Q(t) - \alpha\sin\varphi Z_I(t)] \tag{4-3}$$

由式(4-3)可知，RF 信号与自身 I/Q 不平衡的 LO 信号下变频得到的基带信号中包括一个与频率相关的镜像分量 Z^*，这个镜像分量就是由于 I/Q 不平衡产生的镜像干扰信号。本书在 4.2 节提出了在宽频带内实现幅度和相位的精细调控方法，以减小镜像干扰的影响。

近零中频接收机目前应用较少，其工作原理是将 RF 信号下变频为接近于直流的低频率 IF 信号，因此综合了超外差接收机和零中频接收机的优缺点，例如其优点包括不存在直流偏置、集成度高、体积小，其缺点既包括超外差接收机中的镜像频率干扰问题，还包括零中频接收机中的 I/Q 相位失衡等问题。

针对以上问题，基于微波光子学的零中频接收机有很好的解决办法。首先，它不会受 RF 信号和 LO 信号隔离问题的困扰，避免了 LO 信号泄漏的威胁。其次，平衡探测等光子学线性优化技术可显著抑制偶次阶失真和直流偏置造成的影响。此外，利用微波光子技术可实

现两个下变频通道的严格正交，在宽频带上实现 I/Q 平衡。另外，与基于微波光子的超外差接收机相比，基于微波光子的零中频接收机具有结构简单、成本较低、集成度高的优势。

4.2　微波光子混频系统的 I/Q 幅相平衡及精细调控技术

基于微波光子学的零中频接收机是目前极具竞争力的一种接收机架构，本节针对未来零中频接收系统的应用需求和发展趋势，利用微波光子相关原理和技术，开展了宽带 I/Q 平衡、低失真的微波光子正交混频理论与方法研究，提出了一种基于全光宽带 I/Q 混频器的微波光子零中频接收机。接收机的结构及工作原理图如图 4-4 所示。基于 I/Q 混频器的微波光子零中频接收机由 LD、PDM-MZM、WDM、PC、PBS 和 BPD 等组成。

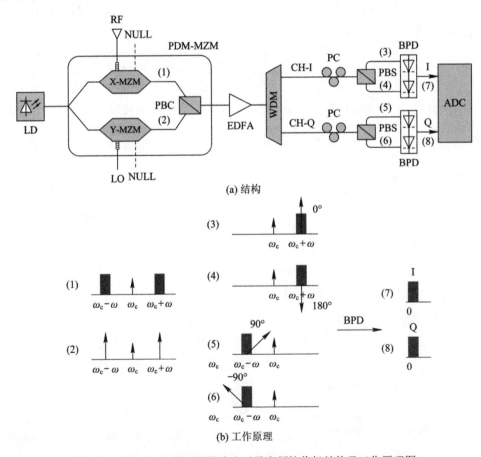

图 4-4　基于 I/Q 混频器的微波光子零中频接收机结构及工作原理图

光载波 $E_{\mathrm{in}}(t) = E_{\mathrm{c}} \exp(\mathrm{j}\omega_{\mathrm{c}}t)$输入到 PDM-MZM 后被等功分为两路，两路光波分别被 RF 和 LO 信号调制。假设两个信号具有相同的角频率，RF 信号可以表示为 $s(t) = d_{\mathrm{I}}(t)\cos(\omega t) + d_{\mathrm{Q}}(t)\sin(\omega t)$，LO 信号可表示为 $V_{\mathrm{LO}}\sin(\omega t)$。X-MZM 和 Y-MZM 均工作在最小传输点，其输出的光信号可分别表示为

$$E_{\mathrm{X}}(t) = \frac{\pi E_{\mathrm{c}}(t)}{4\sqrt{2}V_{\pi}}\{[\mathrm{j}d_{\mathrm{I}}(t) + d_{\mathrm{Q}}(t)]\exp(\mathrm{j}\omega t)\cdot[\mathrm{j}d_{\mathrm{I}}(t) - d_{\mathrm{Q}}(t)]\exp(-\mathrm{j}\omega t)\} \tag{4-4}$$

$$E_{\mathrm{Y}}(t) = \frac{E_{\mathrm{c}}(t)}{4\sqrt{2}}m_{\mathrm{LO}}[\exp(\mathrm{j}\omega t) - \exp(-\mathrm{j}\omega t)] \tag{4-5}$$

式中，V_{π} 为调制器的半波电压；$\mathrm{J}_n(\cdot)$ 为第一类 n 阶贝塞尔函数；$m_{\mathrm{LO}} = \dfrac{\pi V_{\mathrm{LO}}}{V_{\pi}}$ 为本振信号的调制指数。

由于高阶贝塞尔函数相对较小可忽略不计，则两个子调制器输出的光信号经偏振合束器 (Polarizing Beam Combiner，PBC)耦合后输出的偏振复用信号可表示为

$$E_{\mathrm{PDM\text{-}MZM}}(t) = \boldsymbol{e}_{\mathrm{TE}}\cdot E_{\mathrm{X}}(t) + \boldsymbol{e}_{\mathrm{TM}}\cdot E_{\mathrm{Y}}(t) \tag{4-6}$$

其中，$\boldsymbol{e}_{\mathrm{TE}}$ 和 $\boldsymbol{e}_{\mathrm{TM}}$ 分别表示 TE 模和 TM 模的单位向量。经 EDFA 进行功率补偿后，双通道 WDM 分别提取偏振复用信号的上、下边带作为 I 通道和 Q 通道，两个通道光信号可分别表示为

$$E_{\mathrm{CH\text{-}I}}(t) = \frac{\pi E_{\mathrm{c}}(t)}{4\sqrt{2}V_{\pi}}\exp(\mathrm{j}\Omega t)\{\boldsymbol{e}_{\mathrm{TE}}\cdot[\mathrm{j}d_{\mathrm{I}}(t) + d_{\mathrm{Q}}(t)] + \boldsymbol{e}_{\mathrm{TM}}\cdot V_{\mathrm{LO}}\} \tag{4-7}$$

$$E_{\mathrm{CH\text{-}Q}}(t) = -\frac{\pi E_{\mathrm{c}}(t)}{4\sqrt{2}V_{\pi}}\exp(-\mathrm{j}\Omega t)\{\boldsymbol{e}_{\mathrm{TE}}\cdot[\mathrm{j}d_{\mathrm{I}}(t) - d_{\mathrm{Q}}(t)] + \boldsymbol{e}_{\mathrm{TM}}\cdot V_{\mathrm{LO}}\} \tag{4-8}$$

使用 PBS 将通道中的偏振复用信号变为同一偏振态，则在 PBS 的输出端口 1 上，CH-I 和 CH-Q 中的光信号可以分别表示为

$$E_{\mathrm{PBS\text{-}I1}}(t) = \frac{\pi E_{\mathrm{c}}(t)}{4\sqrt{2}V_{\pi}}\exp(\mathrm{j}\omega t)\cdot\{[\mathrm{j}d_{\mathrm{I}}(t) + d_{\mathrm{Q}}(t)]\cos\alpha_{\mathrm{I}} + V_{\mathrm{LO}}\sin\alpha_{\mathrm{I}}\exp(\mathrm{j}\delta_{\mathrm{I}})\} \tag{4-9}$$

$$E_{\mathrm{PBS\text{-}Q1}}(t) = -\frac{\pi E_{\mathrm{c}}(t)}{4\sqrt{2}V_{\pi}}\exp(-\mathrm{j}\omega t)\cdot\{[\mathrm{j}d_{\mathrm{I}}(t) - d_{\mathrm{Q}}(t)]\cos\alpha_{\mathrm{Q}} + V_{\mathrm{LO}}\sin\alpha_{\mathrm{Q}}\exp(\mathrm{j}\delta_{\mathrm{Q}})\} \tag{4-10}$$

式中，α_{I}，α_{Q} 为调制器和 PBS 输出端口之间的轴向角；δ_{I}，δ_{Q} 为两个偏振模之间的相位差。

经 BPD 光电探测后，I 路和 Q 路的光电流可分别表示为

$$
\begin{aligned}
i_{\mathrm{I1}}(t) &= \eta\,|E_{\mathrm{PBS\text{-}I1}}(t)|^2 \\
&= \frac{\pi^2\eta E_{\mathrm{c}}^2}{32V_{\pi}^2}\{V_{\mathrm{LO}}\sin 2\alpha_{\mathrm{I}}[d_{\mathrm{I}}(t)\sin\delta_{\mathrm{I}} + d_{\mathrm{Q}}(t)\cos\delta_{\mathrm{I}}] + V_{\mathrm{LO}}^2\sin^2\alpha_{\mathrm{I}} + [d_{\mathrm{I}}^2(t) + d_{\mathrm{Q}}^2(t)]\cos^2\alpha_{\mathrm{I}}\}
\end{aligned}
$$

$$\tag{4-11}$$

$$i_{Q1}(t) = \eta \mid E_{\text{PBS-Q1}}(t) \mid^2$$

$$= \frac{\pi^2 \eta E_c^2}{32 V_\pi^2} \{V_{\text{LO}} \sin 2\alpha_Q [d_I(t) \sin \delta_Q - d_Q(t) \cos \delta_Q] + V_{\text{LO}}^2 \sin^2 \alpha_Q + [d_I^2(t) + d_Q^2(t)] \cos^2 \alpha_Q\}$$

$$(4\text{-}12)$$

由式(4-11)和式(4-12)可以看出，I 路和 Q 路的光信号均包含基波 I/Q 数据。当 I 通道和 Q 通道的轴向角均为 α_I、$\alpha_Q = 45°$ 时，则链路的增益可实现最大化。当 I 路和 Q 路信号相位差严格正交时，则在理论上可完全消除镜像干扰。假设 $\delta_I = 90°$，$\delta_Q = 180°$，则式(4-11)和式(4-12)可重新表示为

$$i_{I1}(t) = \frac{\pi^2 \eta E_c^2}{64 V_\pi^2} [\ \overbrace{2V_{\text{LO}} d_I(t)}^{I} + \overbrace{V_{\text{LO}}^2 + d_I^2(t) + d_Q^2(t)}^{\text{DC+IMD2}}\ ] \tag{4-13}$$

$$i_{Q1}(t) = \frac{\pi^2 \eta E_c^2}{64 V_\pi^2} [\ \overbrace{2V_{\text{LO}} d_Q(t)}^{Q} + \overbrace{V_{\text{LO}}^2 + d_I^2(t) + d_Q^2(t)}^{\text{DC+IMD2}}\ ] \tag{4-14}$$

两个通道中的转换增益相等，可以近似表示为

$$\text{Gain} \propto \left[\frac{\pi \eta P_{\text{PD}} m_{\text{LO}}}{V_\pi (m_{\text{RF}}^2 + m_{\text{LO}}^2)} \right]^2 \tag{4-15}$$

式中，m_{RF} 为 RF 信号的调制指数；P_{PD} 为 PD 处的光功率。

在 RF 输入功率较小的情况下，转换增益可以近似表示为

$$\text{Gain} \propto \left[\frac{\pi \eta P_{\text{PD}}}{V_\pi m_{\text{LO}}} \right]^2 \tag{4-16}$$

式(4-13)和式(4-14)中的 DC 和 IMD2 可通过平衡探测技术解决。每个通道中 PBS 输出端口 2 处的光信号分别表示为

$$E_{\text{PBS-I2}}(t) = \frac{\pi E_c(t)}{4\sqrt{2} V_\pi} \exp(j\omega t) \cdot \{[jd_I(t) + d_Q(t) \sin \alpha_I] - V_{\text{LO}} \cos \alpha_I \exp(j\delta_I)\} \tag{4-17}$$

$$E_{\text{PBS-Q2}}(t) = -\frac{\pi E_c(t)}{4\sqrt{2} V_\pi} \exp(-j\omega t) \cdot \{[jd_I(t) - d_Q(t)] \sin \alpha_Q - V_{\text{LO}} \cos \alpha_Q \exp(j\delta_Q)\} \tag{4-18}$$

当 α_I、$\alpha_Q = 45°$ 时，输出端口 2 处输出的光信号经 BPD 后得到的光电流可表示为

$$i_{I2}(t) = \frac{\pi^2 \eta E_c^2}{64 V_\pi^2} [\ \overbrace{-2V_{\text{LO}} d_I(t)}^{I} + \overbrace{V_{\text{LO}}^2 + d_I^2(t) + d_Q^2(t)}^{\text{DC+IMD2}}\ ] \tag{4-19}$$

$$i_{Q2}(t) = \frac{\pi^2 \eta E_c^2}{64 V_\pi^2} [\overbrace{-2V_{LO}d_Q(t)}^{Q} + \overbrace{V_{LO}^2 + d_I^2(t) + d_Q^2(t)}^{DC+IMD2}] \tag{4-20}$$

通过偏振设置使每个 PBS 中端口 1 和端口 2 的两个光信号互补，最终输出的 I 路和 Q 路信号可表示为

$$i_I(t) = \frac{\pi^2 \eta E_c^2}{16 V_\pi^2} V_{LO} d_I(t) \tag{4-21}$$

$$i_Q(t) = \frac{\pi^2 \eta E_c^2}{16 V_\pi^2} V_{LO} d_Q(t) \tag{4-22}$$

之前的推导是假设 LO 为小信号调制，因此只考虑了一阶光边带。当调制指数增大导致二阶光边带较大时，该方案依然可行。令此时 LO 信号的角频率为 $\omega/2$，则 Y-MZM 的输出可表示为

$$E_Y(t) \approx \frac{E_{in}(t)}{4\sqrt{2}} \left\{ m_{LO} \left[\exp\left(\frac{j\omega t}{2} \right) - \exp\left(-\frac{j\omega t}{2} \right) \right] \cdot \left(\frac{m_{LO}}{2} \right)^2 [\exp(j\omega t) + \exp(-j\omega t)] \right\}$$

$$\tag{4-23}$$

在 WDM 之后，LO 信号的一阶和二阶光边带均存在并送入 PBS 和 BPD。其他系统配置保持不变，仅将两个相位差调整为 $\delta_I = 90°$，$\delta_Q = 0°$，则在 BPD 中二阶 LO 光边带将与一阶 RF 光边带拍频生成 I/Q 基波项。

$$i_I(t) = \frac{\pi^3 \eta E_c^2}{64 V_\pi^3} V_{LO}^2 d_I(t) \tag{4-24}$$

$$i_Q(t) = \frac{\pi^3 \eta E_c^2}{64 V_\pi^3} V_{LO}^2 d_Q(t) \tag{4-25}$$

本方案通过 VPI 软件进行了仿真，仿真链路如图 4-5 所示。LD 生成波长为 1552 nm、平均功率为 17 dBm 的连续光载波。PDM-MZM 由两个子调制器、一个偏振旋转器和一个偏振合束器构成，子调制器的半波电压均为 3.5 V，插损为 6 dB。矢量信号生成器生成一个功率为 0 dBm、带宽为 1 GHz、中心频率为 20 GHz 的 16QAM 信号，用于驱动 X-MZM 中的一个射频端口。LO 信号的频率为 20 GHz，功率为 10 dBm，用于驱动 Y-MZM 的射频输入端口，X-MZM 和 Y-MZM 均工作在最小传输点进行 CS-DSB 调制，输出的光信号通过 EDFA 进行功率补偿后被光分束器等功分为两路，这两路光信号分别送入两个通道，利用 OBPF 进行上、下光边带的提取，随后分别接一个 PC 和一个 PBS，最后使用两个 BPD 来实现光电探测。

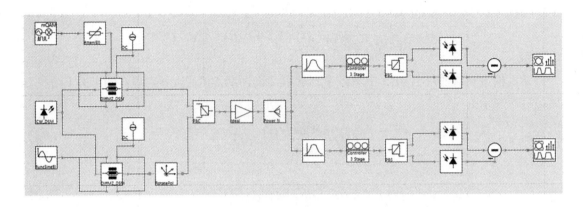

图 4-5　基于 I/Q 混频器的微波光子零中频接收系统仿真链路

　　进行载波抑制双边带调制的宽带 RF 信号和 LO 信号的频谱如图 4-6 所示，PDM-MZM 输出的偏振复用信号被一个增益为 20 dB 的 EDFA 放大后等功分为上、下两路，上路的偏振复用信号被相对中心频率为 20 GHz 的 OBPF 将正一阶光边带滤出，然后利用三环 PC 和 PBS 将偏振复用信号的正一阶光边带干涉到同一个偏振态进行零中频接收。下路的偏振复用信号被相对中心频率为 −20 GHz 的另一个 OBPF 将负一阶光边带滤出，同样被干涉到同一偏振态后进行 I/Q 下变频。

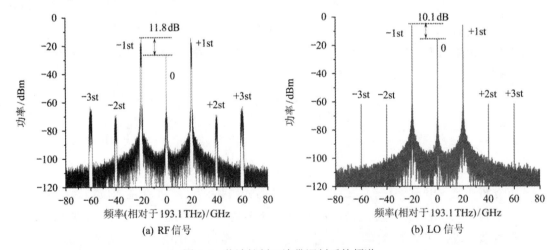

图 4-6　载波抑制双边带调制后的频谱

　　为了测试不同相对中心频率、带宽和 QAM 信号调制格式对 I/Q 解调的影响，分别进行了以下几组测试。当 16QAM 信号相对中心频率为 20 GHz，带宽为 1 GHz 时，与相对中心频率为 20 GHz，功率为 10 dBm 的 LO 信号下变频，得到的 I/Q 频谱图和解调后的星座图如图 4-7 所示。可以看出，零中频接收机成功地把带宽为 1 GHz 的宽带矢量信号下变频到两个带宽为 500 MHz 的基带 I/Q 信号后接收，星座图非常清晰，对应的 EVM 值为 3.78%。

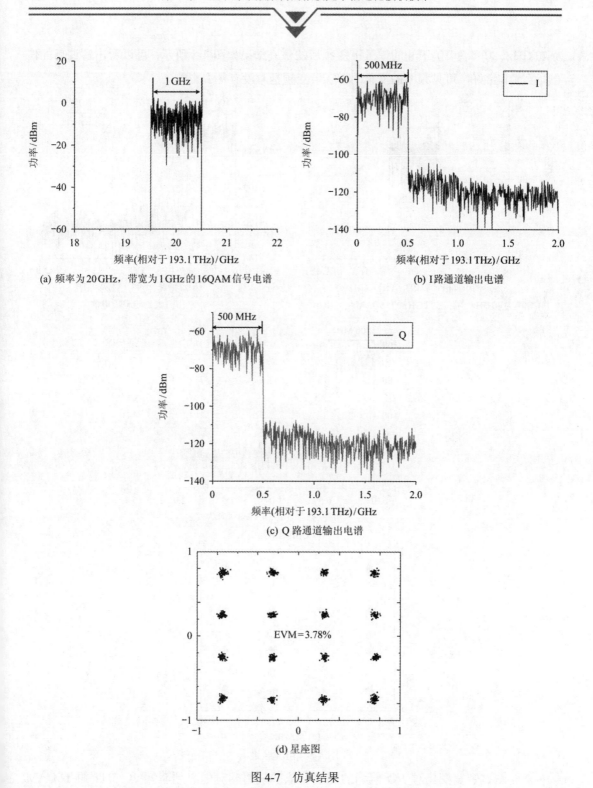

(a) 频率为 20 GHz，带宽为 1 GHz 的 16QAM 信号电谱

(b) I 路通道输出电谱

(c) Q 路通道输出电谱

(d) 星座图

图 4-7　仿真结果

保持宽带矢量信号的带宽和调制格式不变，将中心频率改为 40 GHz，与相对中心频率

为 40 GHz、功率为 10 dBm 的信号下变频后的仿真结果如图 4-8 所示，可以看出解调后的信号质量也非常好，可见频率的变化对 I/Q 下变频基本没有什么影响。

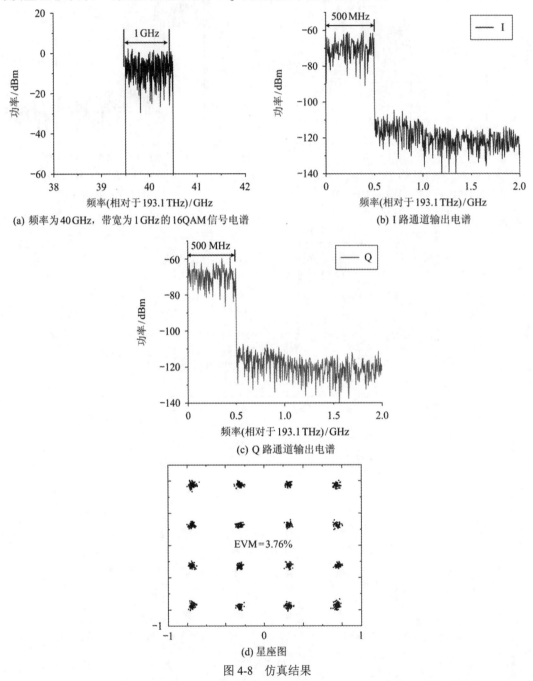

(a) 频率为 40 GHz，带宽为 1 GHz 的 16QAM 信号电谱

(b) I 路通道输出电谱

(c) Q 路通道输出电谱

(d) 星座图

图 4-8　仿真结果

　　下面测试带宽变化对 I/Q 解调的影响，依旧采用相对中心频率为 20 GHz 的 16QAM 信号作为输入的矢量信号，带宽由 1 GHz 变为 2 GHz，LO 信号中心频率为 20 GHz，功率

为 10 dBm。仿真测试结果如图 4-9 所示，可以看出矢量信号带宽增大一倍时仍可以正常 I/Q 解调。

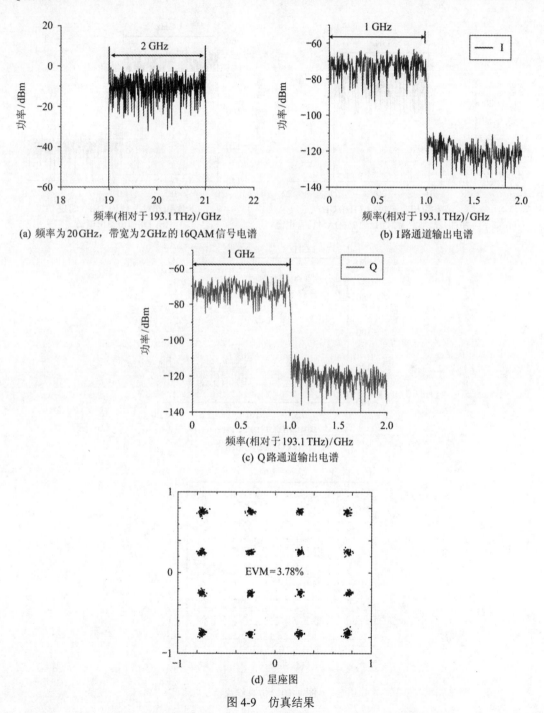

(a) 频率为 20 GHz，带宽为 2 GHz 的 16QAM 信号电谱

(b) I 路通道输出电谱

(c) Q 路通道输出电谱

(d) 星座图

图 4-9　仿真结果

最后将宽带矢量信号设置为相对中心频率为 20 GHz，带宽为 2 GHz 的 256QAM 信号进

行测试，仿真结果如图 4-10 所示。可以看出解调后的星座图非常清晰，EVM 仅为 1.6%，信号质量非常好。

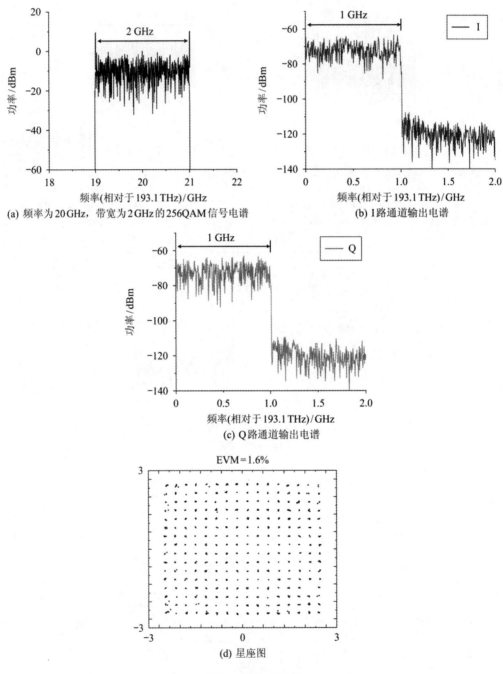

(a) 频率为 20 GHz，带宽为 2 GHz 的 256QAM 信号电谱

(b) I 路通道输出电谱

(c) Q 路通道输出电谱

(d) 星座图

图 4-10　仿真结果

为了证明平衡探测对 DC 和 IMD2 的抑制能力，将频率为 19.9 GHz 和 19.91 GHz、功率

为 0 dBm 的双音信号作为输入 RF 信号，与频率为 20 GHz、功率为 10 dBm 的 LO 信号进行
I/Q 下变频，分析下变频后的 IF 信号。下变频后的频谱图如图 4-11 所示，其中图 4-11(a)为
未加平衡探测直接下变频后的频谱，频谱分量包括基波项、IMD3、IMD2 和 DC。其中基波
项的频率分别为 90 MHz 和 100 MHz，功率为 −4.1 dBm，IMD3 的频率分别为 80 MHz 和 110
MHz，功率为 −23.8 dBm，IMD2 的频率为 10 MHz，功率为 4.1 dBm，DC 在频率为 0 MHz
的位置，功率大小达到了 9.6 dBm。IMD2 和 DC 这两个频谱分量的功率都超过了基波项，
导致严重的非线性失真。随后将 PBS 的两个输出端口都连接到 BPD 后进行平衡探测。IF
信号的频谱如图 4-11(b)所示，可以看出 IMD2 此时的功率仅为 −90.7 dBm，相比于无平衡
探测时功率降低了 94.8 dBm，DC 的功率同样由抑制前的 9.6 dBm 降低到了 −95.4 dBm，抑
制效果显著。此外，基波项和 IMD3 的功率也都提高了约 6 dBm。

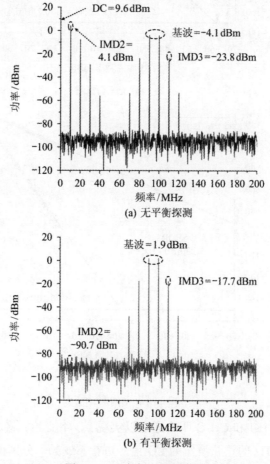

图 4-11　下变频后的频谱图

继续使用上述信号测量系统的 SFDR。由图 4-12(a)可以看出，未加平衡探测时尽管系统
的 SFDR3 达到了 121.1 dB · Hz$^{2/3}$，但受二阶交调失真的影响，系统的整体动态范围被限制

到仅为 80.3 dB · Hz$^{1/2}$。加入平衡探测后的 SFDR 如图 4-12(b)所示，此时的 SFDR3 虽然只增加了 2.5 dB，但由于平衡探测在理论上可以对 IMD2 完全抑制，因此，此时系统的动态范围，即 SFDR3 为 123.6 dB · Hz$^{2/3}$。

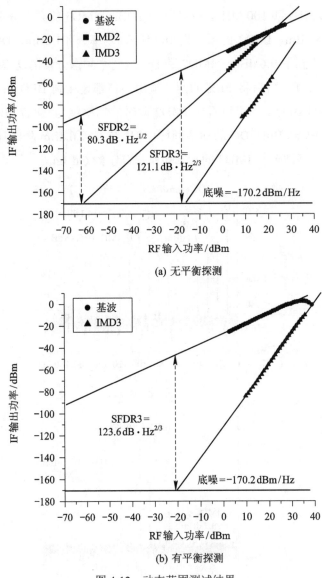

(a) 无平衡探测

(b) 有平衡探测

图 4-12　动态范围测试结果

接下来同时利用 CH-I 和 CH-Q 两个通道以实现 I/Q 下变频。将 19.9 GHz 的正弦波作为 RF 信号，频率为 20 GHz 的正弦波作为 LO 信号进行下变频，分别得到 I、Q 两个通道中频率为 100 MHz 的 IF 信号，IF 波形如图 4-13 所示，可以看出 I 路和 Q 路信号的幅度基本一致，相位相差 90°。

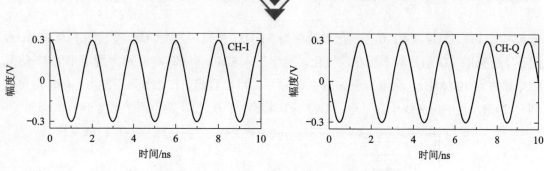

图 4-13　CH-I 和 CH-Q 通道的 IF 信号波形

随后测试了两个下变频 IF 信号之间可调谐的相位差，来自 CH-I 的 IF 波形如图 4-14(a) 所示，通过调整 CH-I 中的偏振状态，可以将相应 IF 信号的相移从 0 连续调谐到 360°。例如在 CH-I 中具有 45°、90°、180° 和 270° 相对相位差的 IF 信号如图 4-14(b)～(e)所示，可以发现具有不同相移的 IF 信号的幅度保持不变。

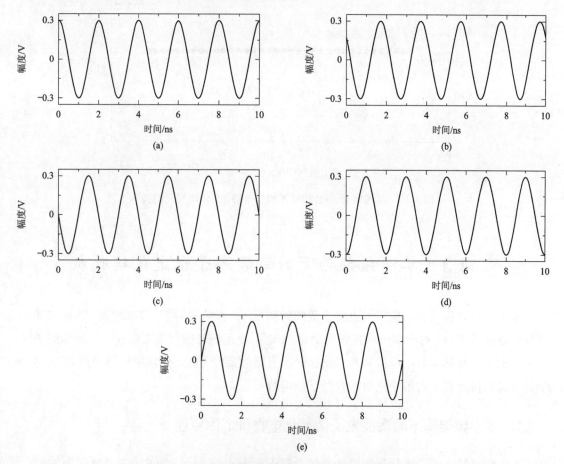

图 4-14　CH-I 通道内不同相位差时的 IF 信号波形

接下来测量了 CH-I 和 CH-Q 这两个通道中的 I/Q 相位不平衡度和 I/Q 幅度不平衡度对信

号频率的依赖性。设置 RF 信号的起始频率为 5 GHz，步进距为 1 GHz，截止频率为 40 GHz，用于下变频的 LO 信号频率也相应变化，确保进入 CH-I 和 CH-Q 这两个通道中的 IF 信号频率始终为 100 MHz，测量结果如图 4-15 所示。可以看出，在该频段范围内系统增益可达到 −3.2 dB，且响应曲线十分平坦，相位不平衡度小于 0.1°，幅度不平衡度小于 0.1 dB。

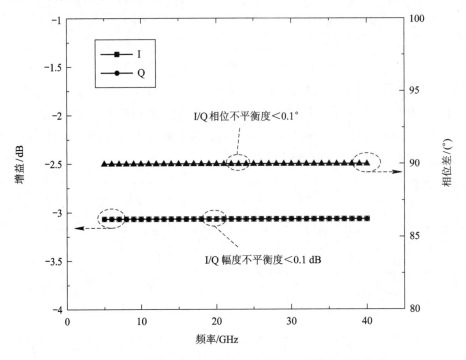

图 4-15　双通道 IF 信号相位差和功率随 RF 频率变化的关系

4.3　零中频架构下的微波光子信道化接收机

零中频接收机可将射频信号直接下变频到基带，具有结构简单、集成度高、功率损耗小、转换增益高等优势。对于零中频接收机而言，I/Q 平衡是镜像抑制下变频和矢量解调的关键。本节提出了一种基于零中频架构和平衡探测的五信道接收方案，仅需用到一个光频梳，光频梳的梳齿数量决定了可用于同时接收的子信道数量。

4.3.1　零中频架构下的微波光子信道化接收机工作原理

零中频微波光子信道化接收机的系统原理图如图 4-16 所示，其中包括 LD、双偏振正交相移键控调制器(Dual-Polarization Quadrature Phase Shift Keying，DP-QPSK)、OBPF、MZM、PC、PBS、BPD 等。

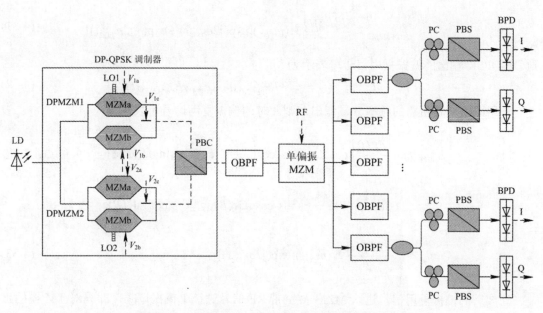

图 4-16　零中频微波光子信道化接收机系统原理图

　　LD 生成的光载波可表示为 $E_{in}(t) = E_c \exp(j\omega_c t)$，其中 E_c 和 ω_c 分别为振幅和角频率。输入到 DP-QPSK 以后的光载波被等功分为两路，两路光波分别被 LO1 和 LO2 信号调制。DP-QPSK 是一个集成的光电调制器，由两个 DPMZM 和一个偏振旋转器(Polarization Rotator，PR)以及 PBC 构成，用于生成偏振复用信号。上路的 DPMZM1 被 LO1 调制后用于生成 5 线光频梳，生成原理在 3.1.2 节中已详细介绍，不再赘述。DPMZM1 输出的 5 线光频梳可表示为

$$E_0 = \frac{E_{in}(t)}{2}\left[\cos A J_0(B) + \cos\left(\frac{\pi V_{1b}}{2V_\pi}\right)e^{j\frac{\pi V_{1c}}{V_\pi}}\right] \tag{4-26}$$

$$E_{+1} = \frac{E_{in}(t)}{2}\sin A J_1(B)e^{j\left(\omega_{LO1}t + \frac{\pi}{2}\right)} \tag{4-27}$$

$$E_{-1} = \frac{E_{in}(t)}{2}\sin A J_1(B)e^{j\left(\omega_{LO1}t - \frac{\pi}{2}\right)} \tag{4-28}$$

$$E_{+2} = \frac{E_{in}(t)}{2}\cos A J_2(B)e^{j2\omega_{LO1}t} \tag{4-29}$$

$$E_{-2} = \frac{E_{in}(t)}{2}\cos A J_2(B)e^{-j2\omega_{LO1}t} \tag{4-30}$$

　　下路的 LO2 加载在 DPMZM2 的射频口，合理设置 DPMZM2 的调制指数，输出的光信号可表示为

$$E_{\text{DPMZM2}} = \frac{\sqrt{2}E_{\text{in}}(t)}{2}J_2(m_{\text{LO2}})[\exp(j2\omega_{\text{LO2}}t) + \exp(-j2\omega_{\text{LO2}}t)] \tag{4-31}$$

则 DP-QPSK 输出的偏振复用信号可表示为

$$E_{\text{DP-QPSK}}(t) = \boldsymbol{e}_{\text{TE}} \cdot E_{\text{DPMZM1}}(t) + \boldsymbol{e}_{\text{TM}} \cdot E_{\text{DPMZM2}}(t) \tag{4-32}$$

利用 OBPF 将所需的频率分量滤出，则此时的偏振复用信号可表示为

$$E_{\text{OBPF}}(t) = \left| \frac{E_{\text{in}}(t)}{2} \left[\cos A J_0(B) + \cos\left(\frac{\pi V_{1b}}{2V_\pi}\right) e^{j\frac{\pi V_{1c}}{V_\pi}} + \sin A J_1(B) e^{j\left(\omega_{\text{LO1}}t + \frac{\pi}{2}\right)} + \right.\right.$$

$$\left. \sin A J_1(B) e^{j\left(\omega_{\text{LO1}}t - \frac{\pi}{2}\right)} + \cos A J_2(B) e^{j2\omega_{\text{LO1}}t} + \cos A J_2(B) e^{-j2\omega_{\text{LO1}}t} \right] \cdot$$

$$\left. \frac{\sqrt{2}E_{\text{in}}(t)}{2} J_2(m_{\text{LO2}})[\exp(j2\omega_{\text{LO2}}t)] \right| \tag{4-33}$$

滤波后的偏振复用信号进入 MZM 被宽带 RF 信号进行单偏振调制，即只对 TM 模的正二阶光边带进行调制而不影响 TE 模的 5 线光频梳，宽带 RF 信号可表示为 $V_{\text{RF}}\sin[\omega_{\text{RF}}t + \varphi(t)]$，其中 V_{RF}、ω_{RF} 和 $\varphi(t)$ 分别为 RF 信号的幅度、角频率和相位。MZM 工作在最小传输点，正二阶光边带被宽带 RF 信号进行载波抑制双边带调制后的光信号可表示为

$$E_{\text{out}} = \frac{E_{\text{DPMZM2}}(t)}{2}\left\{ \exp[jm_{\text{RF}}\sin(\omega_{\text{RF}}t + \varphi(t))] - \exp[-jm_{\text{RF}}\sin(\omega_{\text{RF}}t + \varphi(t))] \right\}$$

$$= \frac{E_{\text{DPMZM2}}(t)}{2}\left\{ \sum_{n=-\infty}^{\infty} J_n(m_{\text{RF}})\exp[jn(\omega_{\text{RF}}t + \varphi(t))] - \sum_{n=-\infty}^{\infty} J_n(m_{\text{RF}})\exp[-jn(\omega_{\text{RF}}t + \varphi(t))] \right\}$$

$$\tag{4-34}$$

当宽带 RF 信号的中心频率为 LO2 信号中心频率的两倍时，被宽带 RF 信号调制生成的下边带光信号的中心频率恰好与 5 线光频梳的中心位置重合，光频梳的 5 个梳齿频率即 5 个子信道的中心频率，光频梳的梳齿间隔即子信道的带宽。通过 FBG 作为信道滤波器实现光谱分割，将宽带光信号分别划分到对应的 5 个子信道进行 I/Q 解调。下面以 5 线光频梳中的第一根，即式(4-30)所表示的为例介绍。若经过信道滤波后子信道 1 中的 RF 信号可表示为 $V_{\text{RF1}}(t)\sin[\omega_{\text{RF1}}t + \varphi_1(t)]$，则此时的光信号可表示为

$$E_{\text{out1}}(t) = \left| \begin{matrix} E_{-2}(t) \\ E_{\omega_{\text{RF1}}}(t) \end{matrix} \right| \tag{4-35}$$

$$= \frac{E_{\text{in}}(t)}{2}\left| \begin{matrix} \cos A J_2(B)\exp(-j2\omega_{\text{LO1}}t) \\ \sqrt{2}J_2(m_{\text{LO2}})\exp(j2\omega_{\text{LO2}}t) \cdot J_1(m_{\text{RF1}})\exp[-j(\omega_{\text{RF1}}t + \varphi_1(t))] \end{matrix} \right|$$

式中，$A = \pi V_a / 2V_\pi$，$B = \pi V_s / 2V_\pi$；$E_{\omega_{RF1}}$ 为频谱分割后进入子信道 1 的已调制 RF 信号；J_n 为第 n 阶贝塞尔函数；m_{LO2} 为 LO2 输入的调制指数；m_{RF1} 为 RF1 输入的调制指数。

输出的光信号经光分路器分为两路，每一路均包括 PC 和 PBS 以实现 I/Q 混频，I/Q 混频器的原理在上一小节已进行了详细介绍，不再赘述。PBS 输出的两路光信号可表示为

$$E_1(t) = \frac{E_{in}(t)}{2}\Big\{\cos A J_2(B) \exp(-j2\omega_{LO1}t)\cos\alpha + \sqrt{2}J_2(m_{LO2})\exp(j2\omega_{LO2}t)\cdot$$
$$J_1(m_{RF1})\exp[-j(\omega_{RF1}t + \varphi_1(t))]\sin\alpha\exp(j\phi)\Big\} \tag{4-36}$$

$$E_2(t) = \frac{E_{in}(t)}{2}\Big\{\cos A J_2(B) \exp(-j2\omega_{LO1}t)\sin\alpha - \sqrt{2}J_2(m_{LO2})\exp(j2\omega_{LO2}t)\cdot \tag{4-37}$$
$$J_1(m_{RF1})\exp[-j(\omega_{RF1}t + \varphi_1(t))]\cos\alpha\exp(j\phi)\Big\}$$

式中，α 表示偏振角，ϕ 表示相位差，为了实现平衡探测，通过 PC 将上、下路的 α 均设置为 45°，上、下路的 ϕ 分别设为 0° 和 90° 进行 I/Q 解调，最终得到的 I/Q 信号可分别表示为

$$i_I(t) \propto \cos A J_2(B) J_2(m_{LO2}) J_1(m_{RF1})\cos[(-2\omega_{LO1} - 2\omega_{LO2} + \omega_{RF1})t - 2\varphi_1(t)] \tag{4-38}$$

$$i_Q(t) \propto \cos A J_2(B) J_2(m_{LO2}) J_1(m_{RF1})\sin[(-2\omega_{LO1} - 2\omega_{LO2} + \omega_{RF1})t - 2\varphi_1(t)] \tag{4-39}$$

4.3.2　仿真结果与讨论

本方案通过光学仿真软件 VPI Transmission Maker 进行了验证分析，仿真软件中所用的元件参数设置如表 4-1 所示。

表 4-1　仿真软件元件参数表

元　件	参　　　数
LD	波长 1552 nm，平均功率 16 dBm，线宽 1 kHz，RIN 为 −170 dB/Hz
DPMZM1	插入损耗 6 dB，半波电压 3.5 V，$V_{1a} = 3.15$ V，$V_{1b} = -6.23$ V，$V_{1c} = 0$ V
DPMZM2	插入损耗 6 dB，半波电压 3.5 V，$V_{2a} = 0$ V，$V_{2b} = 0.83$ V，$V_{2c} = 0$ V
宽带 OBPF	中心频率 20 GHz，3 dB 带宽为 30 GHz
MZM	插入损耗 6 dB，半波电压 3.5 V，$V_{DC} = 1.75$ V
窄带 OBPF 组	中心频率依次为 18.8 GHz、19.4 GHz、20 GHz、20.6 GH 和 21.2 GHz，3 dB 带宽为 600 MHz
PC	$\alpha = 45°$，$\phi = 0°$ 或 90°
BPD	响应度为 0.8 A/W

加载在 DPMZM1 上的 LO1 信号功率为 10 dBm，频率为 0.6 GHz，输出的 5 线光频梳如图 4-17 所示，外带抑制比为 23.3 dB。5 根光频梳的中心频率依次为 −1.2 GHz、−0.6 GHz、0 GHz、0.6 GHz 和 1.2 GHz(相对于光载波的中心频率 193.1 THz)。

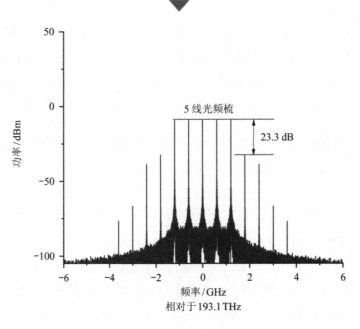

图 4-17　5 线光频梳

　　加载在 DPMZM2 上的 LO2 信号的功率为 8 dBm，频率为 10 GHz，输出的载波抑制双边带如图 4-18 所示，可以看出光载波和一阶光边带的幅度都比较小，二阶光边带和光载波的抑制比为 35.6 dB，正负二阶光边带的频率分别为 20 GHz 和 −20 GHz(相对于光载波的中心频率 193.1 THz)。采用载波抑制二阶光边带的优势在于大大降低了对射频源的最大频率要求，当光频梳梳齿数量增多时也能满足宽带信号的全频率覆盖。

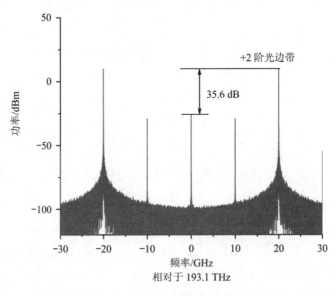

图 4-18　DPMZM2 输出的光谱

DP-QPSK 输出的偏振复用信号经宽带 OBPF 滤出 TE 模的 5 线光频梳以及 TM 模的正二阶光边带后送入 MZM 进行单偏振调制,即只对 TM 模的正二阶光边带进行调制。矢量信号生成器生成 5 个带宽为 600 MHz,中心频率依次为 18.8 GHz、19.4 GHz、20 GHz、20.6 GHz 以及 21.2 GHz 的 16QAM 信号加载在 MZM 的射频输入口进行载波抑制双边带调制,本方案仅需使用单偏振载波抑制双边带调制后的下边带,由于上边带频率相隔较远因此无须处理,调制后的光谱图如图 4-19 所示。

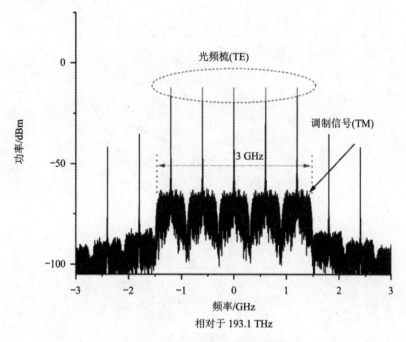

图 4-19　单偏振调制后的光谱图

可以看出,5 个中心频率不同的宽带 RF 信号经单偏振 MZM 调制后,其下边带恰好和 5 线光频梳的中心频率重合,通过中心频率及与之对应的窄带 OBPF 组即可实现信道划分,每个子信道的中心频率即光频梳对应梳齿的中心频率,每个子信道的带宽即窄带 OBPF 的带宽。每个窄带 OBPF 滤出的宽带 RF 信号和其对应的梳齿经光分路器一分为二后进行 I/Q 混频,通过 PC 和 PBS 可实现相位严格正交的 I/Q 下变频,最后配合平衡探测抑制二阶交调失真及直流偏移,进一步提升了系统的动态范围。

采用频率分别为 21 GHz 和 21.01 GHz,功率为 0 dBm 的双音信号测量系统的 SFDR,图 4-20(a) 和 (b) 分别是有、无平衡探测时系统的 SFDR,由测试结果可以看出,无平衡探测时系统的动态范围受 IMD2 限制较为严重,仅能达到 -76.5 dB·Hz$^{1/2}$,而加了平衡探测后 IMD2 被有效抑制,系统的 SFDR 增大至 107.5 dB·Hz$^{2/3}$ 的同时,系统增益也增加了 6 dB。图 4-21 为 I/Q 解调后 I 路和 Q 路的电谱。

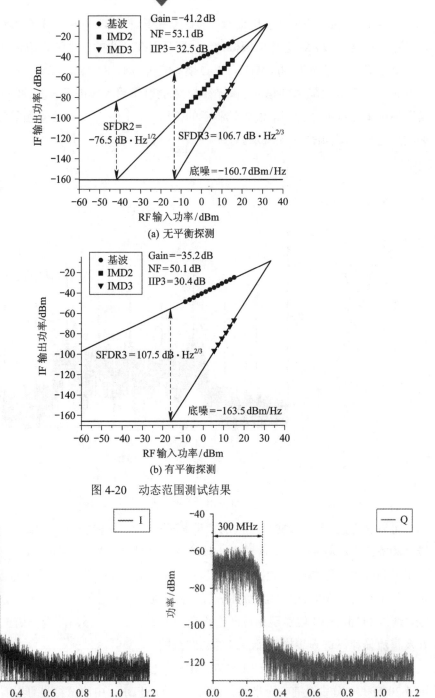

图 4-20　动态范围测试结果

图 4-21　动态范围测试结果

图 4-22 是 RF 信号功率从 −20 dBm 逐步增大至 22 dBm 的过程中，EVM 的变换曲线和

部分对应的星座图。可以看出当 RF 功率较小时，由于信噪比较小导致 EVM 和星座图均不理想，而随着信噪比的增大会逐步优化，但是大于 20 dBm 时由于高阶光边带幅度的增大会再次导致 EVM 和星座图恶化，因此功率为 20 dBm 是最佳工作点。由于仿真链路中对 OBPF 的滤波效果设置为理想情况，而信道串扰的主要来源就是未滤除干净的光载波和残余光边带，因此无法进行信道串扰的有效测试。

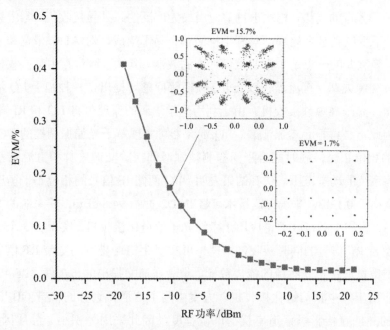

图 4-22　EVM 曲线和星座图

　　表 4-2 是本方案与其他信道化方案性能指标的对比。受实验条件限制，本方案只进行了仿真验证，总体来说，本方案的子信道数量上可随着光频梳梳齿数量的增加而扩充，由于仅需使用单光频梳，因此降低了系统的复杂程度，I/Q 幅相的高度平衡可最大程度地避免镜像频率干扰，接收信号质量虽然受窄带光滤波器直接影响，然而随着光滤波器技术的快速发展，这一短板将得到有效弥补，因此本方案的应用潜力较大。

表 4-2　本方案与其他方案对比情况

方案	工作频率/GHz	子信道数	子信道带宽/GHz	SFDR3/(dB·Hz$^{2/3}$)	隔离度/dB
本方案	18.5～21.5	5	0.6	107.5	25
文献[59]	6～15	9	1	92	44
文献[122]	3.75～7.25	7	0.5	NA	35
文献[61]	13～18	5	1	95	22
文献[68]	7～13	6	1	NA	25

本 章 小 结

　　本章主要针对零中频架构下的微波光子信道化接收机展开了分析与研究。首先，从接收机架构上分析了各自的优势，相比于目前应用最为广泛的超外差接收机，零中频接收机可直接将 RF 信号下变频到基带处理，具有结构简单、易于集成、对 ADC 带宽和采样率要求较低等优势外，最重要的一点是不需要镜像抑制滤波器。其次，针对零中频接收机固有的本振泄漏、偶次阶交调失真、直流漂移以及 I/Q 失衡等问题，提出了一种基于 I/Q 混频器和平衡探测技术的微波光子零中频接收机。由于利用光学隔离的原理可将 LO 和 RF 端口的隔离度做到很高，因此不必再担心本振泄漏。I/Q 混频器可实现基于光偏振调控的 I/Q 相位控制，可实现严格的相位正交，同时配合平衡探测技术对偶次阶交调失真和直流漂移进行有效抑制，从而提高系统的动态范围。仿真结果表明，I/Q 两路 IF 信号的相位不平衡度小于 0.1°，幅度不平衡度小于 0.1 dB，平衡探测技术可将 IMD2 抑制 94.8 dBm，将系统的 SFDR 提高了43.3 dB。最后，将零中频接收理论应用于微波光子信道化接收机，实现了 5 个子信道带宽为600 MHz 的宽带 RF 信号的同时接收，同理也可实现 3 GHz 带宽的宽带 RF 信号的接收。该方案的子信道数量取决于光频梳的梳齿数量，编者在前文提出的 5/7 线、25/49 线光频梳生成方法均可应用于零中频信道化接收机，方案中用于信道化划分的窄带 OBPF 数量较多，且品质因子的高低直接影响信道串扰的严重程度，因此采用体积小、品质因子高的 FBG进行滤波效果更好。

第5章

基于声光移频的微波光子信道化接收技术

本章提出了基于声光移频(Acousto-Optic Frequency Shift，AOFS)的微波光子镜像抑制双输出信道化接收方法。在基于声光移频的 6 信道接收方法中，无须用到任何光频梳，与双光频梳的信道化方法相比具有系统结构简单、信道串扰小的优势；与零中频接收方法相比则避免了对梳状滤波器的诸多参数限制，大大降低了实施难度。但由于目前商用的 AOFS 移频距离一般不超过 1.5 GHz，而基于 AOFS 的信道化方法中，AOFS 的移频距离即子信道的带宽，因此与前两个方法相比的劣势在于子信道带宽无法做到很大(子信道带宽小于 1.5 GHz)。在 18 信道和 54 信道的接收方案中，仅需要用到 3 线光频梳或 9 线光频梳即可实现 18 个子信道或 54 个子信道的同时接收，与已有的信道化方案相比，在同样梳齿数量下大大提高了信道化的效率。

5.1 基于声光移频的 6 信道接收方法

本节提出了一种基于 AOFS 的 6 信道接收方案，系统中无须用到任何光频梳，主要利用 AOFS 对光本振中心频率上下等间隔各移频一次，从而实现宽带 RF 信号的同中频接收。虽然 MZM 和 AOFS 都具备移频功能，但由于二者移频原理不同且各具特色，因此在应用时应结合实际情况选择。

基于 MZM 的移频方法主要是利用光电效应调制生成各阶光边带，再通过 OBPF 将所需的光边带滤出作为新的光载波从而实现移频，其优点主要体现在可实现大频率间隔的移频和频率调谐灵活，缺点主要体现在生成的各阶光边带通常较多，要配合 OBPF 滤出所需的光边带作为新的载波，因此不仅受 OBPF 中心频率和带宽的限制，而且能量利用率较低。

基于 AOFS 的移频方法主要是利用多普勒效应，其移频原理如图 5-1 所示。当引入中心频率为 f_{RF} 的 RF 信号与中心频率为 f_c 的光载波入射方向同向时，则移频后新的光载波中心频率为$f_c + f_{RF}$；当引入的 RF 信号与光载波入射方向反向时，移频后得到的新的光载波中心频率变为$f_c - f_{RF}$。其优点是可以直接对光载波移频而不生成各阶光边带，因此无须配合 OBPF 即可移频，而且能量利用率高；缺点是所加的 RF 信号频率不能太高，移频范围通常在 1.5 GHz 以内，无法实现大频率间隔的移频。此外，目前商用的 AOFS 移频范围固定，不能灵活调谐。

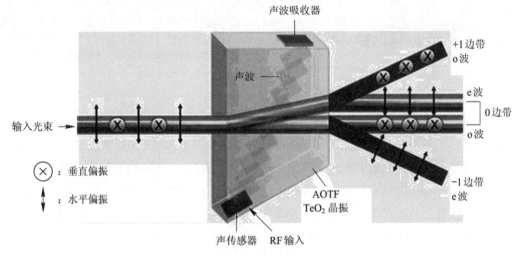

图 5-1　声光移频器工作原理

5.1.1　基于声光移频的 6 信道接收机工作原理

基于声光移频的 6 信道接收原理图如图 5-2 所示，LD 发出的连续光波被光耦合器等功分为上、下两路，光载波可表示为$E_{in}(t) = E_0 \exp(j2\pi f_c t)$，其中，$E_0$表示光信号的电场强度，$f_c$表示光载波的频率。上路的光载波进入一个 MZM 并对一个宽带 RF 信号实现载波抑制双边带调制(CS-DSB)，RF 信号可表示为$V_{RF}(t) = V_{RF} \sin(2\pi f_{RF}t)$，其中$V_{RF}$表示 RF 信号的电场强度，$f_{RF}$表示其频率。由于采用的是小信号调制，MZM 的输出可近似表示为

$$E_{RF}(t) \approx 2E_0 \exp(j2\pi f_c t) J_1(m_1)[\exp(j2\pi f_{RF}t) - \exp(-j2\pi f_{RF}t)] \tag{5-1}$$

式中，$m_1 = \dfrac{\pi V_{RF}}{2V_\pi}$为宽带 RF 信号的调制指数。

利用 OBPF 将 MZM 输出的两条一阶光边带中的负一阶光边带滤掉，则输出的正一阶光边带可写成

$$E_{+1st}(t) \approx 2E_0 \exp(j2\pi f_c t) J_1(m_1) \exp(j2\pi f_{RF}t) \tag{5-2}$$

滤出的正一阶光边带经掺铒光纤放大器(EDFA)放大后再次利用光耦合器等功分为三路，分别送入三个镜像抑制混频器。

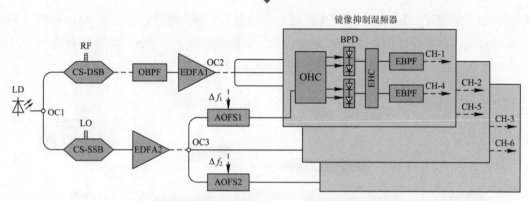

图 5-2　基于声光移频的微波光子 6 信道接收机原理图

下路的光载波进入一个 DPMZM 并对一个 LO 信号实现载波抑制单边带调制(CS-SSB)，LO 信号可表示为 $V_{LO}(t) = V_{LO} \exp(2\pi f_{LO} t)$，其中 V_{LO} 和 f_{LO} 分别表示 LO 信号的电场强度和频率。经过载波抑制单边带调制后，DPMZM 的输出可表示为

$$E_{LO}(t) = 2E_0 \exp(j2\pi f_c t)\, J_1(m_2) \exp(j2\pi f_{LO} t) \tag{5-3}$$

式中，$m_2 = \dfrac{\pi V_{LO}}{2V_\pi}$ 为 LO 信号的调制指数。

由于光电调制效率较低，DPMZM 输出的光信号同样需要经过一个 EDFA 放大后再功分为三路。这三路 LO 信号中有两路需要被对应的 AOFS 移频，最终进入镜像抑制混频器的三路 LO 信号的中心频率可分别表示为 $f_1 = f_c + f_{LO} - \Delta f_1$，$f_2 = f_c + f_{LO}$，$f_3 = f_c + f_{LO} + \Delta f_2$，其中，中心频率为 f_2 的 LO 信号未进行移频，中心频率为 f_1 的 LO 信号利用 AOFS1 向左移频了 Δf_1，中心频率为 f_3 的 LO 信号利用 AOFS2 向右移频了 Δf_2，且 $\Delta f_1 = \Delta f_2 = \Delta f$，移频的距离即子信道的带宽。下面三路 LO 信号分别与上面三路 RF 信号一一对应后进入相应的镜像抑制混频器拍频，镜像抑制混频器的工作原理在前文已详细介绍，本小节不再赘述。

5.1.2　实验结果与讨论

依照图 5-3 搭建实验链路。激光器(RIO，01075-0.2-004)产生的连续光波频率为 193.515 THz，平均功率为 20 dBm，线宽为 2 kHz，通过 OC1 功分为两路。上路的光载波进入 IM(SUMITOMO，T. MXH1.5-40)并被矢量信号源(Agilent，E8267C)产生的宽带 RF 信号调制，IM 工作在最小传输点(MITP)实现载波抑制双边带调制，其半波电压为 3.5 V，插损为 6 dB。调制后的光信号利用 OBPF(Finisar，16000S)将正一阶光边带滤出，经 EDFA(Keopsys，KPS-STD-BT-C-19-HG)放大后利用 OC2 功分为三路送入 OHC(Kylia，COH24)中。

下路的光载波在 DPMZM(FUJISTU，FTM7962EP)中被 LO 信号调制，DPMZM 的半波电压为 3.5 V，插损为 6 dB，LO 信号由微波信号源(Agilent，E8257D)生成。生成的正一阶光本振同样由 EDFA 放大后利用 OC3 功分为三路，其中的两路分别通过 AOFS(IPF-1000-1550-3FP)实现右移频 1 GHz 和左移频 1 GHz。未移频的和上、下各移频 1 GHz 的三个 LO 信号与功分后的三个信号路一一对应后分别进入相应的 OHC 进行混频。

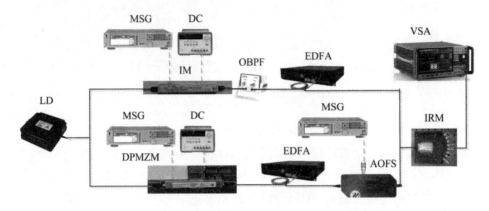

图 5-3　基于 AOFS 的 6 信道接收机实验链路示意图

由于采用的平衡探测技术可有效抑制 IMD2，则系统的 SFDR 主要受 IMD3 限制。实验中选用两个中心频率分别为 23.19 GHz 和 23.2 GHz 的双音信号与中心频率为 22 GHz 的 LO 信号进行下变频测试，测得的 SFDR3 如图 5-4 所示，可以看出此时的底噪为 -165 dBm/Hz，SFDR3 为 101 dB·Hz$^{2/3}$。

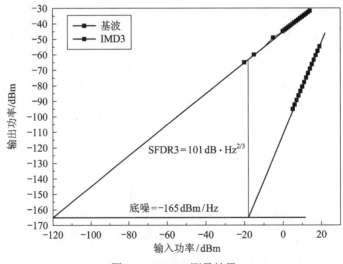

图 5-4　SFDR3 测量结果

实验还对镜像抑制双输出特性进行了验证，当 LO 信号经过 AOFS1 左移频 1 GHz 为 22 GHz 时，RF 信号在 20～21 GHz 范围内为 1 信道，在 23～24 GHz 范围内为 4 信道，1 信道和 4 信道中的信号互为镜像。分别从 1 和 4 信道取 10 个互为镜像且中心频率不同的 RF 信号，在同一个镜像抑制混频器中测两个信道的输出电谱，测得结果如图 5-5 所示。

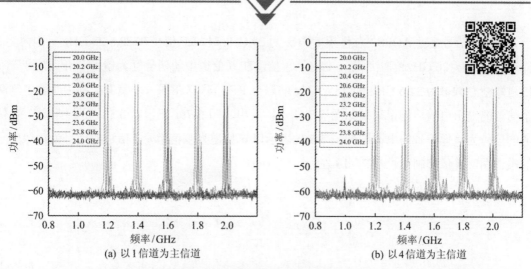

(a) 以1信道为主信道　　　　　　　(b) 以4信道为主信道

图 5-5　镜像抑制双输出测量结果一

　　每个镜像抑制混频器有两个输出端口，图 5-5(a)表示其中一个输出端口，即 1 信道输出的频谱，此时有用信号是处于第 1 信道范围的 RF 信号，而处于第 4 信道范围的 RF 信号作为镜像信号被显著抑制。图 5-5(b)表示另一个输出端口，即 4 信道输出的频谱，此时有用信号是处于第 4 信道范围的 RF 信号，而处于第 1 信道范围的 RF 信号作为镜像信号被显著抑制。可以看出，镜像抑制比大约在 24 dB。

　　当 LO 信号无须移频为 23 GHz 时，RF 信号在 21~22 GHz 范围内为 2 信道，在 24~25 GHz 范围内为 5 信道，2 信道和 5 信道中的信号互为镜像。分别从 2 信道和 5 信道取中心频率为 21.7 GHz 和 24.3 GHz 的两个 RF 信号，在同一个镜像抑制混频器中测两个信道的输出电谱，测得结果如图 5-6 所示，其中，图 5-6(a)表示以 2 信道为主信道，5 信道的信号为镜像信号的电谱图，图 5-6(b)表示以 5 信道为主信道，2 信道的信号为镜像信号的电谱图，镜像抑制比为 25 dB 左右。

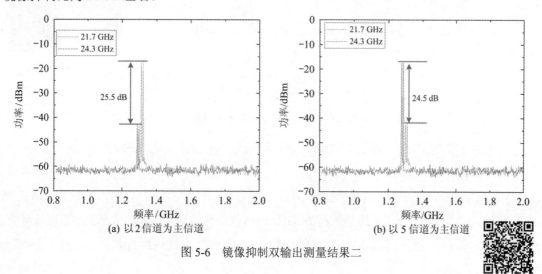

(a) 以2信道为主信道　　　　　　　(b) 以5信道为主信道

图 5-6　镜像抑制双输出测量结果二

当 LO 信号经过 AOFS2 右移频 1 GHz 为 24 GHz 时，RF 信号在 22～23 GHz 范围内为 3 信道，在 25～26 GHz 范围内为 6 信道，3 信道和 6 信道中的信号互为镜像。分别从 3 和 6 信道取中心频率为 22.6 GHz 和 25.4 GHz 的两个 RF 信号，在同一个镜像抑制混频器中测两个信道的输出电谱，测得结果如图 5-7 所示，其中，图 5-7(a)表示以 3 信道为主信道，6 信道的信号为镜像信号的电谱图，图 5-7(b)表示以 6 信道为主信道，3 信道的信号为镜像信号的电谱图，镜像抑制比也在 25 dB 左右。

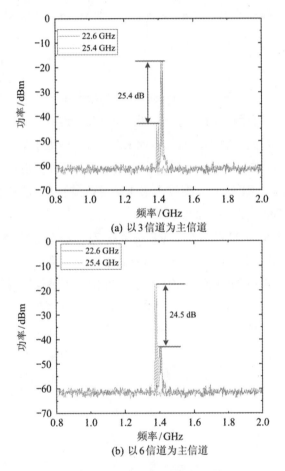

图 5-7　镜像抑制双输出测量结果三

由于 AOFS 的抑制比可达到 50 dB，进行移频几乎不会产生额外的光边带，因此基本不会造成子信道间的串扰。

1 信道幅度响应的测试结果如图 5-8 所示，当 RF 信号输入功率一定时，测量其频率从 20 GHz 开始，以 50 MHz 为步进距增大至 21 GHz 时接收信号的功率变化。由测试结果可以看出，接收信号功率抖动幅度小于 2 dB，表明在带宽为 1 GHz 的 1 信道内拥有非常平坦的幅度响应，即良好的信道均衡性。其余 5 个子信道的幅度响应与 1 信道近似，因此在文中不再赘述。

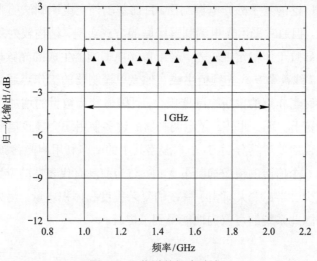

图 5-8　1 信道的幅度响应

矢量信号源生成的矢量信号直接接矢量信号分析仪解调得到的星座图如图 5-9(a)所示，EVM 为 2.4%，此时的星座图非常理想。经微波光子链路解调后的星座图和 EVM 如图 5-9(b) 所示，当 RF 的入射功率从 −25 dBm 增大到 15 dBm 时，EVM 先是逐渐减小，特别是 RF 功率范围在 −10~13 dBm 时 EVM 的值均小于 10%，最小值为 4.7%，表明系统有较大的动态范围，随着 RF 功率的进一步增大，EVM 也会相应增大，星座图也随之变差。

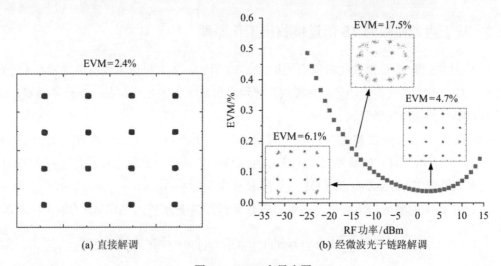

(a) 直接解调　　　　　　　　　　(b) 经微波光子链路解调

图 5-9　EVM 和星座图

本方案与当前大部分信道化方案的不同之处在于不需要利用任何光频梳。通常情况下，若要实现 6 个子信道的同时接收则需要用到 6 线光频梳作为本振光频梳，首先，本振光频梳需要利用强度调制器(IM)配合 OBPF 将调制生成的正一阶光边带滤出从而实现进行移频。其次，虽然目前光频梳的生成方法较多，但适用于信道化的光频梳生成方法主要包括基于微环谐振器和应用最为广泛的基于外光电调制法。目前基于外光电调制法的光频梳生成方案也可生成十几线光频梳，但通常采用光电调制器级联的方式实现，结构较为复杂且受调制器所加的直流偏压影响而导致工作稳定性较差。基于单光电调制器生成的光频梳通常梳齿较少，虽然也能实现 5 线、7 线甚至 9 线光频梳生成，但光电调制器的工作点通常是非特殊工作点，而目前商用的非特殊工作点的偏压控制器极少，且随着梳齿数量的增加对调制指数和射频功率都要求较高，不易于实现。此外，光电调制器的过多使用还会导致信道化系统的动态范围严重受限。本方案仅需要对功分后 3 个本振路其中的两路利用声光移频(AOFS)进行相应的移频就可同时实现 6 个信道的镜像抑制下变频。与当前具有代表性的方案相比，本方案中混频器的使用数量减少一半，大大简化了系统的复杂程度和体积质量。另外，由于无须使用光滤波器选择梳齿，因此系统的可重构性能得到了提升。

5.2　基于声光移频的 18 信道接收方法

基于 AOFS 的 6 信道接收方案已通过实验验证了接收性能，实现了 10～19 GHz 宽带 RF 信号的接收。由于信道化接收机重要的性能指标较多，在某些领域更侧重于子信道数量方面的应用需求，本节又提出了基于 AOFS 的 18 信道接收方法以满足相关应用需求。

5.2.1　基于声光移频的 18 信道接收机工作原理

基于 AOFS 的 18 信道接收机原理图如图 5-10 所示，主要包括单载波激光器、3 线光频梳生成模块、单边带调制模块、移频模块、掺铒光纤放大器、光分路器、声光移频器、波分复用器和镜像抑制混频器等。

LD 发出的连续光波被光耦合器等功分为上、下两路，光载波可表示为 $E_{\mathrm{in}}(t) = E_{\mathrm{c}}$ $\exp(\mathrm{j}\omega_{\mathrm{c}}t)$，$E_{\mathrm{c}}$ 表示光信号电场强度，ω_{c} 表示光载波的角频率，上路的光载波进入 MZM1 生成 3 线光频梳，加载在 MZM1 的 LO1 信号可表示为 $S_1(t) = V_{\mathrm{LO1}}\sin(\omega_{\mathrm{LO1}}t)$，其中，$V_{\mathrm{LO1}}$ 和 ω_{LO1} 分别是 LO1 信号的幅度和角频率。调制器的直流偏置电压为 V_{DC}，MZM1 的输出可表示为

$$E_{\mathrm{out}} = \frac{E_{\mathrm{in}}(t)}{2} \sum_{n=-\infty}^{\infty} \mathrm{J}_n(m_1)\exp(\mathrm{j}n\omega_{\mathrm{LO1}}t)[\exp(\mathrm{j}\varphi) + (-1)^n \exp(-\mathrm{j}\varphi)] \tag{5-4}$$

式中，$m_1 = \dfrac{\pi V_{\mathrm{LO1}}}{2V_{\pi}}$ 为 LO 信号的调制指数；V_{π} 为调制器 MZM1 的半波电压；J_n 为第一类 n 阶贝塞尔函数；$\varphi = \dfrac{\pi V_{\mathrm{DC}}}{V_{\pi}}$ 为直流偏置角。

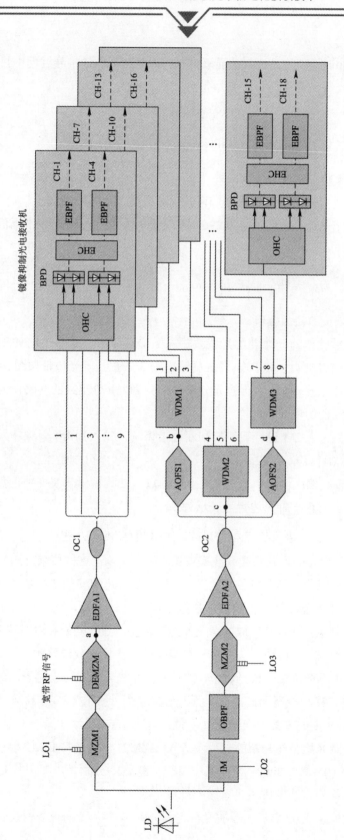

图 5-10　基于声光移频的微波光子 18 信道接收机原理图

当调制指数较小时，高阶光边带被显著抑制，因此在下面的推导过程中只考虑光载波和正负一阶光边带，光载波和正负一阶光边带可分别表示为

$$
\begin{cases}
E_0 = E_{in}(t) \cos\varphi J_0(m_1) \\
E_{\pm 1} = E_{in}(t) \sin\varphi J_1(m_1) \exp\left[\pm\left(j\omega_{LO1}t + \dfrac{\pi}{2}\right)\right]
\end{cases}
\tag{5-5}
$$

若要生成 3 线光频梳则需要光载波和正负一阶光边带幅值相等，既满足式(5-6)。

$$
\left|\cos\varphi J_0(m)\right| = \left|\sin\varphi J_1(m)\right|
\tag{5-6}
$$

当 $\tan\varphi = J_0(m_1)/J_1(m_1)$，即 $m_1 = 0.296$ 时，光载波与正负一阶光边带幅值相等，生成的 3 线光频梳可表示为

$$
E_{OFC} = AE_{in}(t)\left[\exp\left(-j\omega_{LO1}t - j\dfrac{\pi}{2}\right) + 1 + \exp\left(j\omega_{LO1}t + j\dfrac{\pi}{2}\right)\right]
\tag{5-7}
$$

式中，A 为 3 线光频梳的梳齿幅值。

生成的 3 线光频梳作为 3 个新的光载波输入至 DEMZM，被 DEMZM 射频口输入的宽带 RF 信号进行载波抑制单边带调制，调制后输出的 3 条正一阶光边带如图 5-10 中的 a 点所示。经 EDFA 放大后的正一阶光边带被光分路器一分为九，分出来的 9 路作为信号路分别输入 9 个镜像抑制混频器的输入口。

下路的光载波先进入 IM 进行载波抑制双边带调制，输入到 IM 射频输入端口的本振信号 LO2 可表示为 $S_2(t) = V_{LO2}\sin(2\pi f_{LO2}t)$，其中，$V_{LO2}$ 和 f_{LO2} 分别是本振信号 LO2 的幅度和频率。设置 IM 的直流偏压使 IM 工作在最小传输点，使其输出载波抑制正负一阶光边带，经 OBPF 滤波后输出的正一阶光边带可表示为

$$
E_{+1st}(t) = E_0 \exp(j2\pi f_c t) J_1(m_1) \exp(j2\pi f_{LO2}t)
\tag{5-8}
$$

即通过 IM 和 OBPF 配合的方式将光载波实现了右移频 f_{LO2}，这种移频方法与 AOFS 虽然都能实现移频的目的，但原理不同且各具优势。IM 和 OBPF 的移频方法是基于光电效应的，即利用生成的光边带实现移频，优势在于移频范围可灵活调谐，而且可以实现十几或几十 GHz 大频率间隔的移频；缺点是生成的杂余光边带较多，导致能量利用率较低，且边带抑制比相对较低。利用 AOFS 的移频方法是基于多普勒效应实现光载波移频，其优势在于边带抑制比较高，而且基本不会生成杂余光边带，能量利用率高；缺点在于对于已经制好的声光移频器，其移频方向和移频距离无法改变，而且只能进行小范围移频，移频距离通常不超过 1.5 GHz。因此本节所提的方案中根据各自优势分别进行了应用。

移频后的正一阶光边带作为新的光载波进入 MZM2，输入到 MZM2 射频端口的本振信号 LO3 可表示为 $S_3(t) = V_{LO3}\sin(\omega_{LO3}t)$，其中，$V_{LO3}$ 和 ω_{LO3} 分别是本振信号 LO3 的幅度和角频率，用与上路同样的方法生成 3 线本振光频梳。

3 线本振光频梳经 EDFA 放大后被光分路器分为 3 路，光分路器分出的第一路输入到

AOFS1，AOFS1 的作用是将 3 线本振光频梳左移频 500 MHz，因此通过射频信号源生成一个中心频率为 500 MHz 的单音信号加载在 AOFS1 的射频输入口，从而实现对第一路 3 线本振光频梳的整体左移频 500 MHz，如图 5-11(b)所示。整体左移频后的 3 线光频梳进入 WDM1 被分割为 3 路独立的信号，然后作为左移频 500 MHz 的 3 路本振信号输入到与上路相对应的 3 个信号路，再进入 3 个镜像抑制混频器。由于每个镜像抑制混频器都能输出两路互为镜像的 IF 信号，因此这一路的 3 个镜像抑制混频器最终可输出 1、4 信道，7、10 信道，13、16 信道 3 对互为镜像的信号。

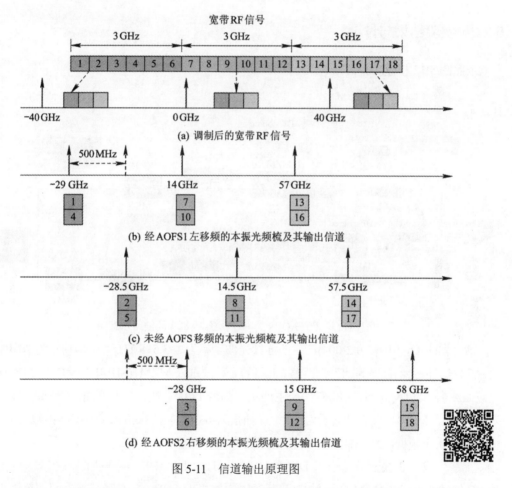

(a) 调制后的宽带 RF 信号

(b) 经 AOFS1 左移频的本振光频梳及其输出信道

(c) 未经 AOFS 移频的本振光频梳及其输出信道

(d) 经 AOFS2 右移频的本振光频梳及其输出信道

图 5-11　信道输出原理图

光分路器分出的第二路直接进入 WDM2，无须通过 AOFS 移频，如 5-11(c)所示，被 WDM2 分为 3 路后作为未移频的 3 路本振信号与上路相对应的 3 个信号路进入镜像抑制混频器。这一路的 3 个镜像抑制混频器最终可输出 2、5 信道，8、11 信道，14、17 信道 3 对互为镜像的信号。

光分路器分出的第三路输入到 AOFS2，AOFS2 的功能是只能进行右移频 500 MHz，如

图 5-11(d)所示。因此同样通过射频信号源生成一个中心频率为 500 MHz 的单音信号加载在 AOFS2 的射频输入口，从而实现对第三路 3 线本振光频梳的整体右移频 500 MHz。整体右移频后的 3 线光频梳进入 WDM3 被分割为三路独立的信号，然后作为右移频 500 MHz 的三路本振信号输入到与上路相对应的三个信号路，再进入镜像抑制混频器。这一路的三个镜像抑制混频器最终可输出 3、6 信道，9、12 信道，15、18 信道 3 对互为镜像的信号。

　　　上文已介绍过镜像抑制混频器的双输出原理，因此本方案通过使用 9 个镜像抑制混频器最终可实现 18 个子信道的同时接收。

5.2.2　实验结果与讨论

　　　依照图 5-12 搭建实验链路。

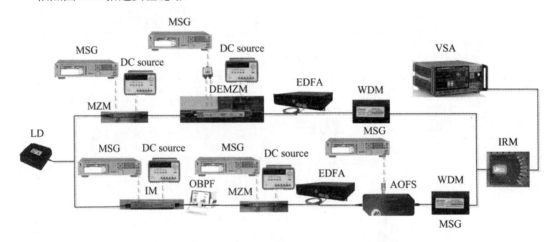

图 5-12　基于 AOFS 的 18 信道接收机实验链路示意图

激光器(RIO，01075-0.2-004)产生的连续光波频率为 193.515 THz，平均功率为 20 dBm，线宽为 2 kHz，被光耦合器等功分为两路。上路的光载波进入 MZM1(SUMITOMO，T. MXH1.5-40)并被微波信号源(Agilent，E8267C)产生的单音信号 LO1 调制，LO1 的频率为 40 GHz，功率为 20 dBm，MZM1 的半波电压为 3.5 V，插损为 6 dB，当加载的 LO1 调制指数为 0.296 时可生成 3 线光频梳，MZM1 输出的光谱如图 5-13(a)所示。

　　　上路生成的 3 线光频梳进入 DEMZM(FUJISTU，FTM7937)并被加载在射频输入口的宽带 RF 信号调制，DEMZM 的半波电压为 3.5 V，插损为 6 dB，本方案可接收频率范围为 10～19 GHz，带宽为 9 GHz 的宽带 RF 信号。但由于编者实验室的射频信号源无法生成这么大带宽的宽带 RF 信号，因此在实验中采用多个频率分布于不同子信道的宽带 RF 信号，通过覆盖整个可接收范围的方式来证明信道化接收机在 10～19 GHz 工作带宽范围内的接收能力。上路的 3 线光频梳经 EDFA(CEFA-C-HG)放大至 20 dBm 后输出，被光分路器分为 9 路后分别送入 9 个镜像抑制混频器。

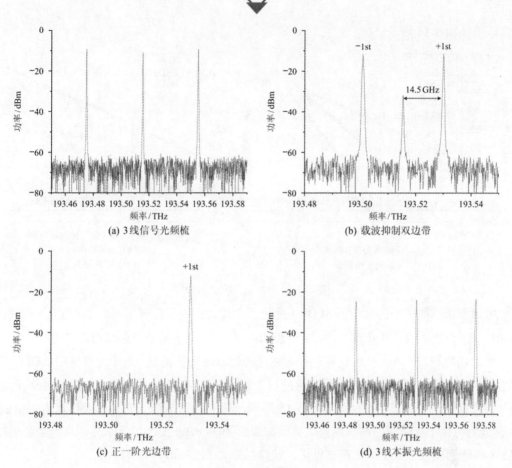

图 5-13　光谱图

下路的光载波先经过一个移频模块，移频模块由 IM(EOspace AX-DV5-40-PFV-SFV)和
OBPF 组成，IM 的射频口由微波信号源(Agilent，E8257D)生成的单音信号 LO2 驱动，LO2
的频率为 14.5 GHz，功率为 20 dBm，进行载波抑制双边带调制后的光谱如图 5-13(b)所示。
生成的正一阶光边带经 OBPF(Finisar，16000S)滤出后作为光载波进入 MZM2(SUMITOMO，
T. MXH1.5-40)，被加载在射频口的 LO3 调制生成 3 线本振光频梳，LO3 由信号源(Agilent，
E82550)生成，频率为 43 GHz，功率为 20 dBm，MZM2 输出的光谱如图 5-13(d)所示。3 线
本振光频梳同样经 EDFA(CEFA-C-HG)放大至 20 dBm 后输出，经光分路器分为三路，其中
一 路 接 AOFS1(IPF-500-1550-3FP) 使 3 线 本 振 光 频 梳 左 移 频 500 MHz ， 一 路 接
AOFS2(IPF-500-1550-3FP)右移频 500 MHz，还有一路无须 AOFS 移频。这三路信号分别被三
个频率间隔为 30 GHz 的 WDM 分割为 9 个本振信号后，与上路被光分路器分出的 9 个信号
路一一对应后进入相应的 9 个镜像抑制混频器完成镜像抑制下变频。

采用中心频率分别为 15.2 GHz 和 15.21 GHz，功率为 0 dBm 的双音信号作为输入的 RF
信号，测量系统有、无平衡探测时的动态范围，LO 信号的中心频率为 14.5 GHz，功率为 10 dBm，

测量结果如图 5-14 所示。

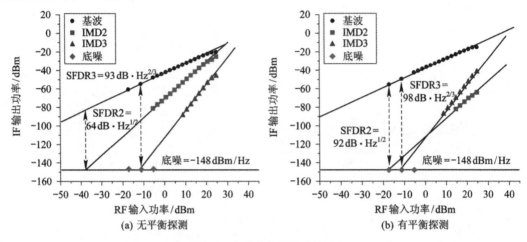

图 5-14　动态范围测试结果

可以看出，加了平衡探测后 SFDR3 提升了 5 dB，但由于抑制了 IMD2，因此 SFDR2 由 64 dB · Hz$^{1/2}$ 变为 92 dB · Hz$^{1/2}$，增加了 28 dB，有效提升了系统的整体动态范围。

实验还对有、无 AOFS 的信道进行了镜像抑制双输出的测试，对于没有使用 AOFS 而直接进入镜像抑制混频器且互为镜像信道的有 2/5、8/11、14/17 三对信道，选其中的 8/11 信道进行镜像抑制下变频，测试结果如图 5-15 所示，其中，图 5-15(a)表示以 8 信道为主信道、11 信道为镜像干扰信道的测试结果，镜像抑制比为 24 dB。图 5-14(b)表示以 11 信道为主信道、8 信道为镜像干扰信道的测试结果，镜像抑制比为 23 dB。

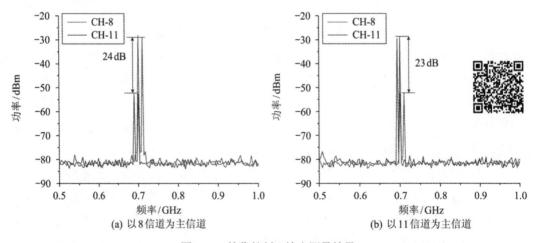

图 5-15　镜像抑制双输出测量结果

对于使用 AOFS1 将 3 线本振光频梳进行 500 MHz 左移频后再进入镜像抑制混频器且互为镜像信道的 1/4、7/10、13/16 三对信道，选其中的 7/10 信道进行镜像抑制下变频，测试结果如图 5-16 所示。其中，图 5-16(a)表示以 7 信道为主信道、10 信道为镜像干扰信道的测试结果，镜像抑制比为 23 dB。图 5-15(b)表示以 10 信道为主信道、7 信道为镜像干扰信道的测试结果，镜像抑制比约为 24 dB。

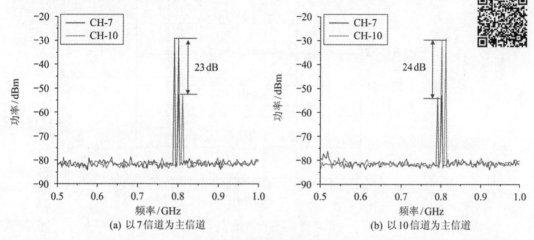

(a) 以 7 信道为主信道　　　　　　　　　　(b) 以 10 信道为主信道

图 5-16　镜像抑制双输出测量结果

对于使用 AOFS2 将 3 线本振光频梳进行 500 MHz 右移频后再进入镜像抑制混频器且互为镜像信道的 3/6、9/12、15/18 三对信道，选其中的 9/12 信道进行镜像抑制下变频，测试结果如图 5-17 所示。其中，图 5-17(a)表示以 9 信道为主信道、12 信道为镜像干扰信道的测试结果，镜像抑制比为 24 dB。图 5-17(b)表示以 12 信道为主信道、9 信道为镜像干扰信道的测试结果，镜像抑制比为 23 dB。

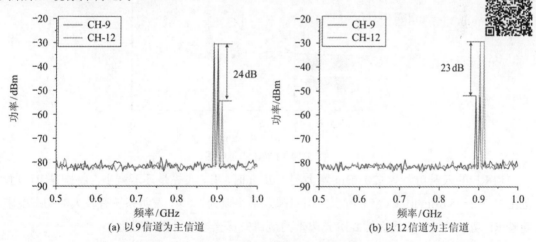

(a) 以 9 信道为主信道　　　　　　　　　　(b) 以 12 信道为主信道

图 5-17　镜像抑制双输出测量结果

1 信道幅度响应的测试结果如图 5-18 所示，当 RF 输入信号功率一定时，测量其频率从 10 GHz 开始，以 25 MHz 为步进距增大至 10.5 GHz 时接收信号的功率变化。由测试结果可以看出，接收信号功率抖动幅度小于 1 dB，表明在带宽为 500 MHz 的 1 信道内拥有非常平坦的幅度响应，即良好的信道均衡性。其余 17 个子信道的幅度响应与 1 信道近似，因此在文中不再赘述。

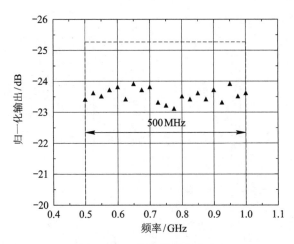

图 5-18　1 信道的幅度响应

为了进一步证明所提信道化方案的解调性能，实验还进行了矢量信号的同中频解调测试，矢量信号发生器生成的 QPSK 的码速率为 50 MSym/s，解调后的星座图如图 5-19 所示。

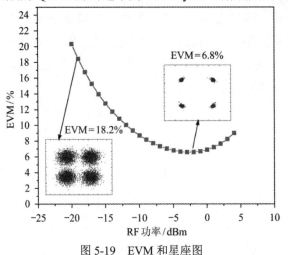

图 5-19　EVM 和星座图

当 RF 的入射功率从 −20 dBm 增大到 5 dBm 时，EVM 先是逐渐减小，特别是 RF 功率范围在 −12～5 dBm 时 EVM 的值均小于 10%，最小值为 6.8%，表明系统有较大的动态范围，随着 RF 功率的进一步增大，高阶光边带的交调失真会导致星座图恶化。

5.3　基于声光移频的 54 信道接收方法

为了进一步扩充子信道数量以满足相关应用需求，本节又提出了基于 AOFS 的 54 信道接收方法，并通过 VPI Transmission Maker 软件进行了仿真验证。

5.3.1　基于声光移频的 54 信道接收机工作原理

基于 AOFS 的 54 信道接收机系统结构如图 5-20 所示，LD 生成的连续光载波可表示为 $E_{\mathrm{in}}(t) = E_0 \exp(\mathrm{j}2\pi f_c t)$，其中 E_0 为光信号电场强度，f_c 为频率，经 OC1 等功率分为上、下两路，上路的光载波进入 MZM 被宽带 RF 信号调制，MZM 工作在最小传输点进行载波抑制双边带调制。RF 信号可表示为 $V_{\mathrm{RF}}(t) = V_{\mathrm{RF}} \exp(2\pi f_{\mathrm{RF}} t)$，其中 V_{RF} 表示 RF 信号的电场强度，f_{RF} 表示其频率。小信号调制时，为了简化计算只考虑一阶光边带，MZM 输出的光信号可表示为

$$E_{\mathrm{RF}}(t) \approx 2E_0 \exp(\mathrm{j}2\pi f_c t)\, \mathrm{J}_1(m_1)[\exp(\mathrm{j}2\pi f_{\mathrm{RF}} t) - \exp(-\mathrm{j}2\pi f_{\mathrm{RF}} t)] \tag{5-9}$$

其中，m_1 为 MZM 的调制指数，J_1 为第一类 1 阶贝塞尔函数。

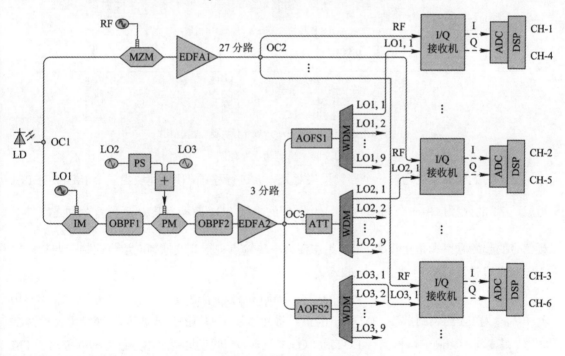

图 5-20　基于 AOFS 的 54 信道接收机系统

本方案可将一个频率覆盖范围为 3～30 GHz 的宽带 RF 信号通过 54 个子信道完整接收，每个子信道的带宽为 500 MHz。为了方便分析，将这个宽带 RF 信号从起始频率开始依次划分为 54 个带宽为 500 MHz 的 RF 频谱分量并标记为 1～54，如图 5-21(a)所示，分别对应 54 个子信道(CH-1～CH-54)输出。宽带 RF 信号经 EDFA1 放大后被 OC2 等功率分为 27 路，分别输入 27 个相应的 I/Q 接收机的射频输入口。

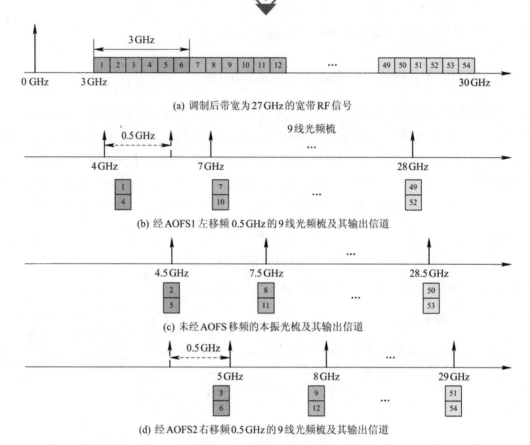

(a) 调制后带宽为 27 GHz 的宽带 RF 信号

(b) 经 AOFS1 左移频 0.5 GHz 的 9 线光频梳及其输出信道

(c) 未经 AOFS 移频的本振光梳及其输出信道

(d) 经 AOFS2 右移频 0.5 GHz 的 9 线光频梳及其输出信道

图 5-21 信道输出原理图

下路的光载波首先通过一个移频模块对光载波进行移频，移频模块由一个 IM 和 OBPF1 组成，IM 的射频口由一个频率为 $f_s = \dfrac{f_L + f_R}{2}$ 的本振 LO1 驱动，其中 f_L 和 f_R 分别是宽带射频信号的起始频率和截止频率。IM 工作在最小传输点进行载波抑制双边带调制，调制后的正一阶光边带被 OBPF1 滤出，可表示为

$$E_{LO1}(t) = E_{in}(t)J_1(m_2)\exp(j2\pi f_s t) \tag{5-10}$$

其中，m_2 为 IM 的调制指数。IM 输出的正一阶光边带作为新的光载波进入 PM，PM 由两个频率、幅度均不相同的本振信号 LO2 和 LO3 共同驱动，假设这两个本振信号的幅值对于 PM 的调制指数分别为 A 和 B，两个本振信号之间的相位差为 $\Delta\phi$，两个本振信号的频率分别为 f 和 mf (m 为倍数)，则 PM 输出的光信号可表示为

$$\begin{aligned}
E_{PM}(t) &= E_{LO1}e^{jA\sin(2\pi ft+\Delta\phi)+B\sin(2\pi mft)} = E_{LO1}\sum_{k=-\infty}^{\infty}J_k(A)e^{jk(2\pi ft+\Delta\phi)}\sum_{l=-\infty}^{\infty}J_l(B)e^{jl(2\pi mft)} \\
&= E_{LO1}\sum_{n=-\infty}^{\infty}\left(\sum_{h=-\infty}^{\infty}J_h(B)J_{n-mh}(A)e^{j(n-mh)\Delta\phi}\right)e^{jn(2\pi ft)}
\end{aligned} \tag{5-11}$$

由式(5-11)可以看出，PM 生成的各阶光边带幅值大小由调制指数 A 和 B、相位差 $\Delta\phi$ 以及 m 共同决定，通过仿真计算得到当 $A = B = 1.43$，$\Delta\phi = \pi/2$，$m = 3$ 时可得到平坦的 9 线光频梳。输出的 9 线光频梳被 OBPF2 滤出，经 EDFA2 放大后利用 OC3 等功分为三路。

第一路 9 线光频梳与 AOFS1 相连，AOFS1 的作用是将 9 线光频梳左移频 500 MHz，如图 5-21(b)所示。整体左频移后的 9 线光频梳进入 WDM 被分割为 9 个不同频率的光本振信号，再分别送入 9 个相应的 I/Q 接收机的本振口与宽带 RF 信号进行镜像抑制下变频。WDM 对应的 9 个镜像抑制光电接收机最终可输出 1 和 4 信道、7 和 10 信道、13 和 16 信道、19 和 22 信道、25 和 28 信道、31 和 34 信道、37 和 40 信道、43 和 46 信道、49 和 52 信道这 18 个子信道的 RF 频谱分量。

第二路 9 线光频梳经 ATT 衰减后直接进入 WDM，无须使用 AOFS 移频，频谱示意图如图 5-21(c)所示。被 WDM 波分后的 9 路光本振信号也进入 9 个相应的 I/Q 接收机进行镜像抑制下变频，最终可输出 2 和 5 信道、8 和 11 信道、14 和 17 信道、20 和 23 信道、26 和 29 信道、32 和 35 信道、38 和 41 信道、44 和 47 信道、50 和 53 信道这 18 个子信道的 RF 频谱分量。

第三路 9 线光频梳利用 AOFS2 对光频梳进行整体右移频 500 MHz，如图 5-21(d)所示。整体右频移后的 9 线光频梳进入 WDM 同样被波分为 9 路光本振信号，分别输入到 9 个相应的 I/Q 接收机实现镜像抑制下变频，最终可输出 3 和 6 信道、9 和 12 信道、15 和 18 信道、21 和 24 信道、27 和 30 信道、33 和 36 信道、39 和 42 信道、45 和 48 信道、51 和 54 信道这 18 个子信道的 RF 频谱分量。

OHC 输出的四路光信号可表示为

$$\begin{cases} I_1 = E_{\text{RF}}(t) + E_{\text{local-sig}}(t) \\ I_2 = E_{\text{RF}}(t) - E_{\text{local-sig}}(t) \\ Q_1 = E_{\text{RF}}(t) + jE_{\text{local-sig}}(t) \\ Q_2 = E_{\text{RF}}(t) - jE_{\text{local-sig}}(t) \end{cases} \tag{5-12}$$

经 BPD 后输出的 I/Q 信号可表示为

$$\begin{cases} i_{\text{I}(t)} \propto \cos[j2\pi(f_{\text{RF}} - f_{\text{LO}})t] \\ i_{\text{Q}(t)} \propto \sin[j2\pi(f_{\text{RF}} - f_{\text{LO}})t] \end{cases} \tag{5-13}$$

式中，$E_{\text{local-sig}}(t)$ 为光本振信号的电场强度，f_{LO} 为光本振信号的频率。

5.3.2　仿真结果与讨论

本节方案通过 VPI Transmission Maker 软件进行了仿真验证。仿真需要的器件主要包括本振信号源、宽带矢量信号源、LD、IM、MZM、PM、OBPF、EDFA、ATT、AOFS 和 WDM

等光电器件。系统主要仿真参数配置如表 5-1 所示。

表 5-1　系统的仿真参数设置

LD	频率 f_c 为 193.1 THz，功率 40 mW，相对强度噪声 −155 dB/Hz，线宽 100 kHz
IM	半波电压 V_π 为 5 V，插入损耗 6 dB，消光比 30 dB
MZM	半波电压 V_π 为 5 V，插入损耗 6 dB，消光比 30 dB
PM	半波电压 V_π 为 3 V
宽带 RF 信号	功率为 0 dBm，频率范围为 3～30 GHz，调制格式为 16QAM 信号
本振 LO 信号	LO1 的频率为 16.5 GHz，功率为 10 dBm；LO2 的频率为 3 GHz，调制指数为 1.43；LO3 的频率为 9 GHz，调制指数为 1.43
OBPF	OBPF1 的带通范围为 16～17 GHz；OBPF2 的带通范围为 4～29 GHz
EDFA	EDFA1 和 EDFA2 的输出功率均为 20 dBm
ATT	输出功率为 −6 dBm
AOFS	移频范围为 500 MHz，其中 AOFS1 左移频 500 MHz，AOFS2 右移频 500 MHz
WDM	波长间隔 3 GHz
EBPF	带通范围 0.5～1 GHz

　　LD 输出的光载波经 OC1 分成两路后，上路的光载波进入 MZM 被矢量信号源生成的宽带 RF 信号调制，宽带 RF 信号的光谱如图 5-22(a)所示。设置 MZM 的偏置电压使其工作在最小传输点，输出的载波抑制双边带光谱如图 5-22(b)所示，生成的正一阶光边带用于镜像抑制下变频，输出的光信号经 EDFA 放大后被 OC2 分为 27 路分别输入 27 个相对应的 I/Q 接收机。

　　下路的光载波先进入 IM 进行载波抑制双边带调制，IM 射频口加载的本振信号 LO1 频率为 16.5 GHz，IM 输出的光谱如图 5-22(c)所示，利用 OBPF1 将正一阶光边带滤出即完成了对光载波右移频 16.5 GHz。移频后的光载波进入 PM，PM 被两个本振信号 LO2 和 LO3 同时调制后生成 9 线光频梳，9 线光频梳的梳齿频率依次为 4.5 GHz、7.5 GHz、10.5 GHz、13.5 GHz、16.5 GHz、19.5 GHz、22.5 GHz、25.5 GHz 和 28.5 GHz。利用 OBPF2 将 9 线光频梳滤出后用 EDFA 放大，EDFA 输出的光谱如图 5-22(d)所示，可以看出光频梳非常平坦。9 线光频梳被 OC3 等功分为 3 路，第一路的 9 线光频梳被 AOFS1 左移频 0.5 GHz 后利用波长间隔为 3 GHz 的 WDM 将 9 个梳齿分别滤出，送入各自对应的 I/Q 接收机。第二路的 9 线光频梳经 ATT 衰减后同样被波长间隔为 3 GHz 的 WDM 划分为 9 个独立的光本振信号，送入各自对应的 I/Q 接收机。同理，第三路 9 线光频梳被 AOFS2 右移频 0.5 GHz 后被 WDM 波分复用后，输入各自对应的 I/Q 接收机。

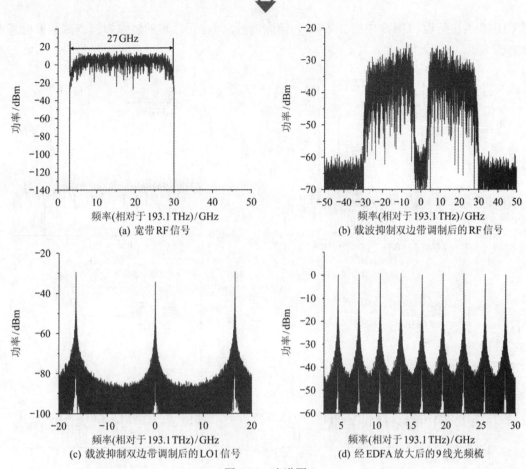

图 5-22　光谱图

　　为了证明镜像抑制效果，采用频率分别为 3.8 GHz 和 5.3 GHz 的单音信号与 4.5 GHz 的 LO 信号下变频，其中频率为 3.8 GHz 的单音信号下变频后应该由 CH-2 输出，频率为 5.3 GHz 的单音信号下变频后应该由 CH-5 输出，但由于下变频后同处于 0.5~1 GHz 的中频范围内，因此互为镜像，未镜像抑制的电谱图如图 5-23(a)所示，带内镜像干扰无法直接通过电滤波器滤除。图 5-23(b)为镜像抑制后的电谱图，可以发现当选择 CH-5 为输出信道时，CH-2 中的 IF 信号作为镜像信号已经被完全抑制掉。同理，当选择 CH-2 为输出信道时，CH-5 信道内的镜像信号被抑制，因此 I/Q 接收机的两个输出口可同时输出镜像抑制后的 CH-2 和 CH-5。采用频率分别为 27.4 GHz 和 28.7 GHz 的双音信号与经 AOFS1 左移频 0.5 GHz 后频率为 28 GHz 的光本振下变频，镜像抑制双输出的频谱图如图 5-23(c)、(d)所示，其中图 5-23(c)是以 CH-49 为主信道，CH-52 中的 IF 信号为镜像信号，图 5-23(d)是以 CH-52 为主信道、CH-49 中的 IF 信号为镜像信号。同理，采用频率分别为 16.4 GHz 和 17.8 GHz 的双音信号与经 AOFS2 右移频 0.5 GHz 后频率为 17 GHz 的光本振下变频，镜像抑制双输出的频谱图如图 5-23(e)、(f)所示，其中图 5-23(e)是以 CH-9 为主信道、CH-12 中的 IF 信号为镜像信号，图 5-23(f)是以 CH-12 为主信道、CH-9 中的 IF 信号为镜像信号。其余子信道的镜像抑制测试结果也基本一致。

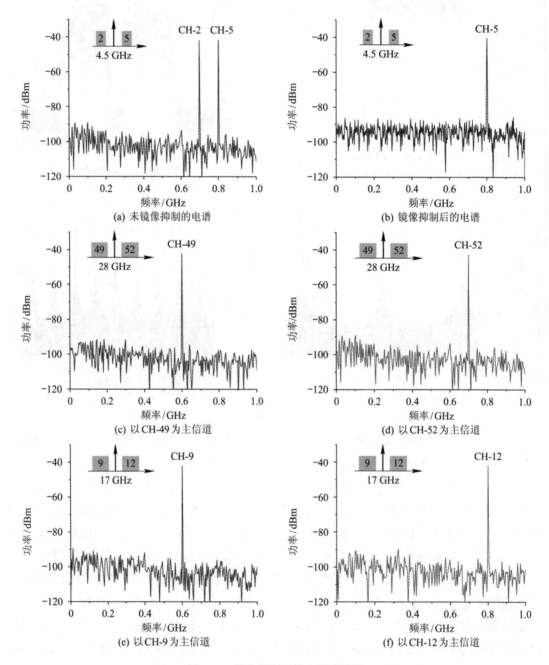

图 5-23　镜像抑制双输出测试结果

继续使用双音信号对系统的动态范围进行测量，设置 LO 信号的频率为 16.5 GHz，功率为 10 dBm，双音信号的频率分别为 17.2 GHz 和 17.21 GHz，利用衰减器改变 RF 信号的输入功率，使其由 −10 dBm 开始以 2 dBm 为步进值增大至 20 dBm，测基波、IMD3 和底噪的功率。测量结果如图 5-24 所示，可以看出该子信道的 SFDR3 为 113.8 dB · Hz$^{2/3}$。

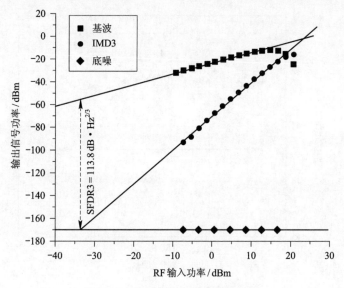

图 5-24　CH-29 的 SFDR 测量结果

　　当 RF 输入信号的功率由 −10 dBm 增大到 15 dBm 时，宽带矢量信号解调后的星座图和 EVM 如图 5-25 所示，可以看出 EVM 的值先是随着 RF 信号功率的增大而降低，这是由于信噪比在不断增大，当输入功率为 7 dBm 时，EVM 达到最小值 3.3%，此时的 RF 功率点即为通信最佳点，随后 RF 功率增大会导致 EVM 变大，这是由于交调失真加剧导致的。

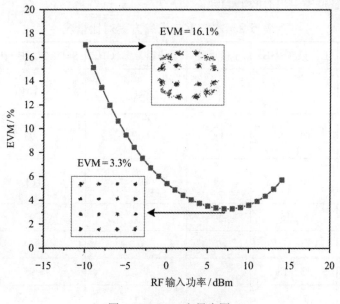

图 5-25　EVM 和星座图

最后还测量了 54 个子信道的幅度响应，由图 5-26 可以看出所有子信道的均衡性良好，信道幅度响应的不平坦度小于 1 dB。

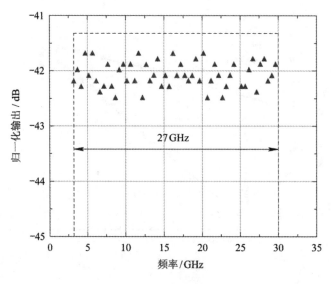

图 5-26　信道幅度响应

表 5-2 是基于 AOFS 的信道化方案与其他信道化方案性能指标的对比。总体来说，在同样子信道数量的前提下，本方案大大降低了对光频梳梳线的要求，信道化效率提高三倍，同时具有结构简单、实施难度低的优势，特别是基于 AOFS 的 6 信道方案无须使用任何光频梳。此外，基于 AOFS 的移频不会生成杂余光边带，因此具有能量利用率高、插损小、信道串扰小的优势，在动态范围上也有较好表现。

表 5-2　本方案与已有方案对比情况

方案	工作频率/GHz	子信道数	子信道带宽/GHz	SFDR 3/(dB·Hz$^{2/3}$)	隔离度/dB
基于 AOFS 的 6 信道方案	20～26	6	1	101	42
基于 AOFS 的 18 信道方案	10～19	18	0.5	98	38
基于 AOFS 的 54 信道方案	3～30	54	0.5	113.8	NA
文献[59]	6～15	9	1	92	44
文献[122]	3.75～7.25	7	0.5	NA	35
文献[61]	13～18	5	1	95	22
文献[68]	7～13	6	1	NA	25

本 章 小 结

　　本章对基于声光移频的微波光子信道化接收技术展开了分析与研究。首先，基于声光移频的 6 信道接收方案无须使用任何光频梳，这就避免了多线光频梳生成难、频率会随温度变化产生漂移以及长时间工作时幅度稳定性差的难题。其次，使用声光移频器移频不会产生杂余光边带，一方面避免了光边带交调失真的影响，另一面提高了能量利用率。最后，通过实验证明了该信道化接收机可将 20～26 GHz 频率范围内的宽带 RF 信号划分为 6 个带宽为 1 GHz 的子信道同时接收，镜像抑制比为 25 dB 左右，系统的 SFDR3 为 101 dB·$\mathrm{Hz}^{2/3}$。

　　为了满足部分领域对子信道数量要求较多的需求，本章还提出了基于声光移频的 18 信道和 54 信道接收方法。基于声光移频的 18 信道接收方法仅需用到实施难度低、稳定性较高的 3 线光频梳即可，通过对 3 线本振光频梳的上、下整体移频，实现了工作频段在 10～19 GHz 范围内 18 个子信道带宽为 500 MHz 的宽带 RF 信号的同时接收，系统的 SFDR3 为 98 dB·$\mathrm{Hz}^{2/3}$。基于声光移频的 54 信道接收方法利用双微波源同时调制 PM 生成平坦度小于 0.5 dB 的 9 线光频梳，再利用两个 AOFS 对 9 线光频梳上、下移频可将 3～30 GHz 范围内的宽带 RF 信号通过 54 个子信道完整接收，系统的 SFDR3 为 113.8 dB·$\mathrm{Hz}^{2/3}$，子信道的幅度响应非常平坦，功率波动不超过 1 dB。

第6章

总 结 与 展 望

6.1 工作总结

本书主要针对未来通信、雷达和电子战系统对高频段、大带宽的发展需求，展开了以接收超宽带射频信号为目的，以微波光子信道化接收技术为手段的相关研究，具体的研究工作总结如下：

(1) 首先阐述了微波光子信道化接收机的研究背景及发展现状，总结出了已报道的方案中仍存在的问题，主要包括系统结构复杂、集成度低、工作带宽调谐难、子信道数量少等问题。其次介绍了微波光子信道化链路中常用光电器件的工作原理以及微波光子信道化接收机最主要的性能指标。由于信道化接收机的性能指标众多，目前现有技术难以全部满足，因此后续研究主要针对不同应用领域对不同性能指标的偏重提出了三类基于不同原理的微波光子信道化接收方案。

(2) 针对微波光子信道化接收机在利用信号多播进行频谱分割时存在的载波光源相干性差、工作频段难以调谐、精细光滤波困难等问题，提出了基于双相干光频梳的信道化接收方案。光频梳作为一种新型光源非常适用于微波光子的信道化接收，而目前理想光频梳的生成还存在一定困难，针对理想光频梳生成难的问题，本书提出了基于单 DPMZM 的光频梳生成方案，通过对 DPMZM 三个直流偏压的合理设置即可生成平坦度均小于 1.2 dB 的 5 线和 7 线光频梳，生成的光频梳结构简单且梳齿间隔灵活可调。针对超外差接收机同中频接收出现的频谱混叠问题，提出了镜像抑制信道化的方法，还通过实验对所提出的双光频梳信道化链路进行了验证，并对实验结果进行了分析。实验中验证了 25～30 GHz 工作频段内的信道化接收和镜像抑制功能，五个子信道带宽为 1 GHz，信道隔离度均高于 22 dB，SFDR3 为 102.7 dB·Hz$^{2/3}$。

最后针对微波光子混频系统动态范围提升难的问题，提出了基于双 DPMZM 的线性优化方案，通过对 IMD3 的抑制实现系统动态范围的提升并进行了理论推导和仿真验证，仿真结果表明利用该方法可将动态范围提升 12.3 dB。

(3) 针对微波光子信道化接收机普遍存在的结构复杂、集成度不高、镜像抑制不彻底等问题，提出了零中频架构下微波光子信道化接收方案。零中频架构可直接将待接收的宽带射频信号下变频到基带，具有结构简单、易于集成、对 ADC 带宽和采样率要求较低的优势，在未来的应用中极具竞争力。本书首先研究了零中频接收时的 I/Q 失衡问题，通过构建一种相位可精细调控的 I/Q 混频器实现了混频时 I 路和 Q 路信号的严格正交，实验结果表明 I/Q 两路 IF 信号的相位不平衡度小于 0.1°，幅度不平衡度小于 0.1 dB。将 I/Q 幅相平衡技术与基于 DPMZM 的光频梳生成技术相结合，提出了基于零中频接收的信道化方案，通过仿真验证了 18.5～21.5 GHz 频段范围内 5 个带宽为 600 MHz 的宽带射频信号的接收。该零中频方案最大的特点在于光频梳梳齿数量决定了信道化接收机的工作带宽，当克尔光频梳与 FBG 集成技术发展成熟后不仅可以大大降低系统的复杂程度、减小系统的体积和质量，还能极大提升信道化接收机的瞬时工作带宽。

针对目前理想光频梳生成技术还不够成熟，导致基于光频梳的信道化接收机性能指标受限的问题，本书提出了基于声光移频的 6 信道和 18 信道接收方案，其特点在于通过声光移频器的合理移频即可实现镜像抑制双输出的 6 信道接收，无须使用光频梳，能量利用高且具有良好的稳定性。实验验证了可将 20～26 GHz 频率范围内的宽带 RF 信号划分为 6 个带宽为 1 GHz 的子信道同时接收，镜像抑制比为 25 dB 左右，系统的 SFDR3 为 101 dB $\cdot$ Hz$^{2/3}$。基于声光移频的 18 信道接收方案中仅需要一个极易生成的 3 线光频梳和一个单边带调制模块即可，实验验证了工作频段在 10～19 GHz 范围内 18 个子信道带宽为 500 MHz 的信道化接收机对宽带 RF 信号的同时接收，系统的镜像抑制比约为 23 dB，SFDR3 为 98 dB $\cdot$ Hz$^{2/3}$，500 MHz 内的信道幅度响应小于 1 dB。基于声光移频的 54 信道接收方法利用双微波源同时调制 PM 生成平坦度小于 0.5 dB 的 9 线光频梳，再利用两个 AOFS 对 9 线光频梳上、下移频，可将 3～30 GHz 范围内的宽带 RF 信号通过 54 个子信道完整接收，子信道的动态范围约为 113.8 dB $\cdot$ Hz$^{2/3}$，子信道的幅度响应非常平坦，功率波动不超过 1 dB。

6.2　工作展望

编者主要对微波光子的信道化接收及相关技术展开了深入研究，虽取得了一定的成果但受实验条件限制，许多研究工作还有待进一步深入研究下去，后续的研究工作主要包括：

(1) 由于实验室暂无 GHz 级别的宽带射频信号源，本书里的信道化实验都是采用多频点信号覆盖接收机工作带宽的方式进行验证，虽然实验结果表明了所提方案可实现信道化接收，但和真正的超宽带射频信号必然存在一定的区别，因此在后续研究中需要采用实际宽带信号对所提出的信道化方案进行测试和完善，包括对宽带矢量信号生成技术的研究。

（2）本书虽然对同中频接收时存在的镜像干扰问题进行了研究，但镜像抑制比未能超过25 dB，在后续的研究中拟通过 DSP 算法在数字域进一步对镜像频率进行抑制。例如在基于声光移频的 6 信道接收方案中，OHC 输出得到四路对称 I/Q 光信号。四个光信号分别进入两个 BPD 进行平衡光电探测，最终得到 I/Q 两路电信号，两个 I/Q 信号经过 ADC 采样后，将该中频信号转化为数字信号，再将该数字信号输入到数字信号处理模块，进行 I/Q 幅度和相位补偿，并将补偿后的信号在数字域进行镜像抑制，经过镜像抑制后输出通道 1 和通道 4 的数字信号。定义整个 I/Q 不平衡传输矩阵，若要补偿 I/Q 不平衡，可使用协方差矩阵自适应的迭代过程去估计不平衡传输矩阵，利用逆矩阵对 OHC 里的 I/Q 不平衡进行补偿。

（3）微波光子信道化接收机与传统微波信道化接收机相比在体积和重量方面虽然已经明显减小，但目前已报道的微波光子信道化接收机仍普遍存在集成度偏低的问题，大部分微波光子链路仍采用分立元件组合的形式，例如光频梳的生成需要光电调制器、直流偏压控制模块、放大器，混频接收器需要光耦合器、光电探测器、模数转换模块等，若能实现光电元件的进一步集成不仅可以有效缩小系统的体积，减轻系统的重量还能提高系统的稳定性，因此未来微波光子系统的发展趋势必然是朝集成化、小型化发展。

参 考 文 献

[1] ZOU X, BAI W, CHEN W, et al. Microwave Photonics for Featured Applications in High-Speed Railways: Communications, Detection and Sensing[J]. Journal of Lightwave Technology, 2018, 36(19): 4337-4346.

[2] DOLAND E A. Channelised Receiver: A viable solution for EW and ESM system[J]. IEEE Procedings F-Communications, Radar and Signal Processing, 1982, 129(3):172-179.

[3] 梁百川. 电子战装备一体化技术[J]. 太赫兹科学与电子信息学报，2010, 8(4): 397-400.

[4] ZHANG X, ZENG H, YANG H, et al. Novel RF-source-free reconfigurable microwave photonic radar[J]. Optics Express, 2020, 28(9): 13650-13661.

[5] 张明友. 雷达—电子战—通信一体化概论[M]. 北京：国防工业出版社，2010.

[6] 李海英, 杨汝良. 超宽带雷达的发展、现状及应用[J]. 遥感技术与应用, 2001, 16(3): 178-183.

[7] CARIN L, GENG N, MCCLURE M, et al. Ultra-wideband synthetic aperture radar for mine field detection[J]. IEEE Antennas and Propagation Magazine, 1999, 41(1): 18-33.

[8] WANG F, SHI S, SCHNEIDER G J, et al. Photonic generation of high fidelity RF sources for mobile communications[J]. Journal of Lightwave Technology, 2017, 35(18): 3901-3908.

[9] 司锡才, 司伟建, 张春杰, 等. 超宽频带被动雷达寻的技术[M]. 北京：国防工业出版社，2016.

[10] ZHANG S, ZOU W, QIAN N, et al. Enlarged range and filter-tuned reception in photonic time-sretched microwave radar[J]. IEEE Photonics Technology Letters, 2018, 30(11): 1028-1031.

[11] CODISPOTI G, PARCA G, DE S M, et al. Validation of ground technologies for future Q/V band satellite systems: The QV-LIFT project[C]. IEEE Aerospace Conference, 2018: 1-9.

[12] 李浩. NGJ 干扰机：美国海军最新的电子对抗装备[J]. 兵器，2016，2: 17-19.

[13] 龚仕仙, 魏玺章, 黎湘. 宽带数字信道化接收机综述[J]. 电子学报, 2013, 41(5): 949-959.

[14] 毕大平, 董晖, 姜秋喜. 雷达对抗侦察宽带数字接收机[J]. 航天电子对抗, 2004, 6: 6-10.

[15] YANG J, LI S, XIAO X, et al. Broadband photonic ADC for microwave photonics-based radar receiver[J]. Chinese Optics Letters, 2018, 16(06): 43-47.

[16] RIDGWAY R W, DOHRMAN C L, CONWAY J A. Microwave Photonics Programs at

DARPA[J]. Journal of Lightwave Technology, 2014, 32(20): 3428-3439.

[17]　蒲涛，闻传花，项鹏，等. 微波光子学原理与应用[M]. 北京：电子工业出版社，2015.

[18]　YAO J. Microwave Photonics[J]. Journal of Lightwave Technology, 2009, 27(3): 314-335.

[19]　SEEDS A J, WILLIAMS K J. Microwave Photonics[J]. Journal of Lightwave Technology, 2007, 24(12): 4628-4641.

[20]　CAPMANY, JOSÉ, NOVAK, et al. Microwave photonics combines two worlds[J]. Nature Photonics, 2007.

[21]　ZHANG W, YAO J. Silicon Photonic Integrated Optoelectronic Oscillator for Frequency-Tunable Microwave Generation[J]. Journal of Lightwave Technology, 2018, 36(19): 4655-4663.

[22]　DAULAY O, LIU G, GUO X, et al. A Tutorial on Integrated Microwave Photonic Spectral Shaping[J]. Journal of Lightwave Technology, 2020, 38(19): 5339-5355.

[23]　ZHANG J, YAO J. A Microwave Photonic Signal Processor for Arbitrary Microwave Waveform Generation and Pulse Compression[J]. Journal of Lightwave Technology, 2016, 34(24): 5610-5615.

[24]　CAPMANY J, MUÑOZ P. Integrated Microwave Photonics for Radio Access Networks[J]. Journal of Lightwave Technology, 2014, 32(16): 2849-2861.

[25]　MENG Y, HAO T, LI W, et al. Microwave photonic injection locking frequency divider based on a tunable optoelectronic oscillator[J]. Optics Express, 2021, 29(2): 684-691.

[26]　KHAN M H, SHEN H, XUAN Y, et al. Ultrabroad-bandwidth arbitrary radiofrequency waveform generation with a silicon photonic chip-based spectral shaper[J]. Nature Photonics, 2010, 4(2): 117-122.

[27]　LI W. Photonic generation of microwave and millimeter wave signals[D]. University of Ottawa, 2013.

[28]　高永胜，史芳静，谭佳俊，等. 基于并联 DPMZM 的大动态范围微波光子混频系统[J]. 通信学报，2021, 42(01): 48-56.

[29]　CHEW S, NGUYEN L, YI X, et al. Distributed optical signal processing for microwave photonics subsystems[J]. Optics Express, 2016, 24(5): 4730-4739.

[30]　CALHOUN M, HUANG S, TJOELKER R L. Stable photonic links for frequency and time transfer in the deep-space network and antenna arrays[J]. Proceedings of the IEEE, 2007, 95(10): 1931-1946.

[31]　LIU Y, QI X, XIE L. Dual-beam optically injected semiconductor laser for radio-over-fiber downlink transmission with tunable microwave subcarrier frequency[J]. Optics Communications, 2013, 292: 117-122.

[32] PAN S, YAO J. Tunable subterahertz wave generation based on photonic frequency sextupling using a polarization modulator and a wavelength-fixed notch filter[J]. IEEE Transactions on Microwave Theory and Techniques, 2010, 58(7): 1967-1975.

[33] ZHU Z, ZHAO S, LI X, et al. Filter-free photonic frequency sextupler operated over a wide range of modulation index[J]. Optics and Laser Technology, 2017, 90: 144-148.

[34] GUENNEC Y L, MAURY G, YAO J, et al. New Optical microwave up-conversion solution in radio-over-fiber networks for 60-ghz wireless applications[J]. Journal of Lightwave Technology, 2006, 24(3): 1277-1282.

[35] PAGÁN, VINCENT R, HAAS B M, et al. Linearized electrooptic microwave downconversion using phase modulation and optical filtering[J]. Optics Express, 2011, 19(2): 883-895.

[36] TANG Z, ZHANG F, PAN S. Photonic microwave downconverter based on an optoelectronic oscillator using a single dual-drive Mach-Zehnder modulator[J]. Optics Express, 2014, 22(1): 305-310.

[37] GAO Y, WEN A, JIANG W, et al. Wideband Photonic Microwave SSB Up-Converter and I/Q Modulator[J]. Journal of Lightwave Technology, 2017, 35(18): 4023-4032.

[38] TANG Z Z, PAN S L. Reconfigurable Microwave Photonic Mixer with Minimized Path Separation and Large Suppression of Mixing Spurs[J]. Optics Letters, 2017, 42(1): 33-36.

[39] CHEN Y, PAN S. Simultaneous wideband radio-frequency self-interference cancellation and frequency downconversion for in-band full-duplex radio-over-fiber systems[J]. Optics Letters, 2018, 43(13): 3124-3127.

[40] GAO Y, WEN A, WU X, et al. Efficient photonic microwave mixer with compensation of the chromatic dispersion-induced power fading[J]. Journal of Lightwave Technology, 2016, 34(14): 3440-3448.

[41] 高永胜. 微波光子混频技术研究[D]. 西安电子科技大学，2016.

[42] LI J, XIAO J, SONG X, et al. Full-band direct-conversion receiver with enhanced port isolation and I/Q phase balance using microwave photonic I/Q mixer[J]. Chinese Optics Letters, 2017, 15(1): 010014.

[43] CHAN E, MINASIAN R. Microwave photonic downconverter with high conversion efficiency[J]. Journal of Lightwave Technology, 2012, 30(23): 3580-3585.

[44] HUANG H, ZHANG C, ZHOU H, et al. Double-efficiency photonic channelization enabling optical carrier power suppression[J]. Optics Letters, 2018, 43(17): 4073-4076.

[45] VIDAL B, MENGUAL T, MARTI J. Photonic Technique for the Measurement of Frequency and Power of Multiple Microwave Signals[J]. IEEE Transactions on Microwave

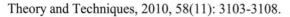

Theory and Techniques, 2010, 58(11): 3103-3108.

[46] EMAMI H, HAJIHASHEMI M, ALAVI S E, et al. Simultaneous Echo Power and Doppler Frequency Measurement System Based on Microwave Photonics Technology[J]. IEEE Transactions on Instrumentation & Measurement, 2017, 66(3): 508-513.

[47] ZUO P, CHEN Y. Photonic-Assisted Filter-Free Microwave Doppler Frequency Shift Measurement Using a Fixed Low-Frequency Reference Signal[J]. Journal of Lightwave Technology, 2020, 38(16): 4333-4340.

[48] ZHENG S, GE S, ZHANG X, et al. High-Resolution Multiple Microwave Frequency Measurement Based on Stimulated Brillouin Scattering[J]. IEEE Photonics Technology Letters, 2012, 24(13): 1115-1117.

[49] ALEXANDER E M, SPEZIO A E. New method of coherent frequency channelization[C]. Bragg signal processing and output devices, 1983: 28-34.

[50] ALEXANDER E M, GAMMON R W. The Fabry-Perot etalon as an RF frequency channelizer[C]. Solid-State Optical Control Devices. International Society for Optics and Photonics, 1984: 45-53.

[51] WANG W, DAVIS R L, JUNG T J, et al. Characterization of a coherent optical RF channelizer based on a diffraction grating[J]. IEEE Transactions on Microwave Theory and Techniques, 2001, 49(10): 1996-2001.

[52] WINNALL S T, LINDSAY A C, AUSTIN M W, et al. A microwave channelizer and spectroscope based on an integrated optical Bragg-grating Fabry-Perot and integrated hybrid Fresnel lens system[J]. IEEE Transactions on Microwave Theory and Techniques, 2006, 54(2): 868-872.

[53] WINNALL S T, LINDSAY A C. A Fabry-Perot scanning receiver for microwave signal processing[J]. IEEE Transactions on Microwave Theory and Techniques, 1999, 47(7): 1385-1390.

[54] RUGELAND P, YU Z, STERNER C, et al. Photonic scanning receiver using an electrically tuned fiber Bragg grating[J]. Optics Letters, 2009, 34(24): 3794-3796.

[55] HUNTER D B, EDVELL L G, ENGLUND M A. Wideband microwave photonic channelised receiver[C]. 2005 International Topical Meeting on Microwave Photonics, 2005: 249-252.

[56] LI Z, CHI H, ZHANG X, et al. A reconfigurable photonic microwave channelized receiver based on an optical comb[A]. International Topical Meeting on & Microwave Photonics Conference, Asia-Pacific[C]. Singapore:IEEE, 2011: 296-299.

[57] ZHU M, JING Z, YI X, et al. Optical single side-band Nyquist PAM-4 transmission using

dual-drive MZM modulation and direct detection[J]. Optical Express, 2018, 26(6): 6629-6638.

[58] XIE X, DAI Y, JI Y, et al. Broadband photonic radio-frequency channelization based on a 39-GHz optical frequency comb[J]. IEEE Photonics Technology Letters, 2012, 24(8): 661-663.

[59] 崇毓华，杨春，李向华，等. 一种中频相同的微波光子信道化接收机[J]. 光电子・激光，2014, 25(12): 2295-2299.

[60] XU W, ZHU D, PAN S. Coherent photonic RF channelization based on dual coherent optical frequency combs and stimulated brillouin scattering[J]. Optical Engineering, 2016, 55(4): 046106.

[61] TANG Z, ZHU D, PAN S. Coherent Optical RF Channelizer With Large Instantaneous Bandwidth and Large In-Band Interference Suppression[J]. Journal of Lightwave Technology, 2018, 36(19): 4219-4226.

[62] XIE C, ZHU D, CHEN W, et al. Microwave Photonic Channelizer Based on Polarization Multiplexing and Photonic Dual Output Image Reject Mixer[J]. IEEE Access, 2019, 7: 158308-158316.

[63] HAO W, DAI Y, YIN F, et al. Chirped-pulse-based broadband RF channelization implemented by a mode-locked laser and dispersion[J]. Optics Letters, 2017, 42(24): 5235-5237.

[64] XU X, WU J, NGUYEN T, et al. Broadband RF Channelizer Based on an Integrated ptical Frequency Kerr Comb Source[J]. Journal of Lightwave Technology, 2018, 36(19): 4519-4526.

[65] XU X, TAN M, WU J, et al. Broadband photonic RF channelizer with 92 channels based on a soliton crystal microcomb[J]. Journal of Lightwave Technology, 2020, 38(18): 5116-5121.

[66] 张武. 微波光子信道化接收机及其关键技术研究[D]. 西安电子科技大学，2019.

[67] 佟亦天. 基于锁相双光频梳的雷达信号光子生成与接收处理研究[D]. 上海交通大学，2019.

[68] ZHU D, CHEN W, XIE C, et al. Microwave channelizer based on a photonic dual-output image-reject mixer[J]. Optics Letters, 2019, 44(16): 4052-4055.

[69] YANG J, LI R, DAI Y, et al. Wide-band RF receiver based on dual-OFC-based photonic channelization and spectrum stitching technique[J]. Optics Express, 2019, 27(23): 33194-33204.

[70] MARPAUNG D, YAO J, CAPMANY J, et al. New opportunities for integrated microwave

photonics[J]. IEEE Photonics Technology Letters, 2018, 10(5): 4116-4132.

[71] HUANG L, TANG Z, XIANG P, et al. Photonic generation of equivalent single sideband vector signals for RoF systems[J]. IEEE Photonics Technology Letters, 2016, 28(22): 2633-2636.

[72] 郝文慧. 基于微波光子学的宽带射频信道化接收技术研究[D]. 北京邮电大学，2018.

[73] FU X, CUI C, CHAN S C. Optically Injected Semiconductor Laser for Photonic Microwave Frequency Mixing in Radio-Over-Fiber[J]. Journal of Electromagnetic Waves and Applications, 2010, 24(7): 849-860.

[74] WANG Y, HUANG W, WANG C, et al. An All-Optical, Actively Q-Switched Fiber Laser by an Antimonene-Based Optical Modulator[J]. Laser & photonics reviews, 2019, 13(4): 1800313.1-1800313.9.

[75] HUANG Y, WANG Y, ZHANG L, et al. Tunable electro-optical modulator based on a photonic crystal fiber selectively filled with liquid crystal[J]. Journal of Lightwave Technology, 2019, (9): 1903-1908.

[76] PENG D, ZHANG Z, MA Y, et al. Optimized single-shot photonic time-stretch digitizer using complementary parallel single-sideband modulation architecture and digital signal processing[J]. IEEE Photonics Journal, 2017, 9(3): 1-14.

[77] WANG Y, LI J, WANG D, et al. Ultra-wideband microwave photonic frequency downconverter based on carrier-suppressed single-sideband modulation[J]. Optics Communications, 2018, 410:799-804.

[78] HUANG L, XU M, PENG P C, et al. Broadband IF-over-fiber transmission based on a polarization modulator[J]. IEEE Photonics Technology Letters, 2018, 30(24): 2087-2090.

[79] XIE S, ZHOU X, ZHANG S, et al. InGaAs/AlGaAsSb avalanche photodiode with high gain-bandwidth product[J]. Optics Express, 2016, 24(21): 24242.

[80] ZHOU P. Photonic Microwave Harmonic Down-Converter Based on Stabilized Period-One Nonlinear Dynamics of Semiconductor Lasers[J]. Optics Letters, 2019, 44(19): 4869-4872.

[81] LI S, ZHENG X, ZHANG H, et al. Compensation of dispersion-induced power fading for highly linear radio-over-fiber link using carrier phase-shifted double sideband modulation [J]. Optics Letters, 2011, 36(4): 546-548.

[82] MA P, LIN W, ZHANG H, et al. Nonlinear Absorption Properties of Cr2Ge2Te6 and Its Application as an Ultra-Fast Optical Modulator[J]. Nanomaterials, 2019, 9(5): 789.

[83] GAO Y, WEN A, LIU L, et al. Compensation of the dispersion-induced power fading in an analog photonic link based on PM-IM conversion in a sagnac loop[J]. Journal of Lightwave Technology, 2015, 33(13): 2899-2904.

[84] 陈博，樊养余，高永胜. 基于相干双光频梳的微波光子信道化接收技术研究[J]. 通信学报，2020, 41(12): 94-99.

[85] ZHANG Y, PAN S. Broadband microwave signal processing enabled by polarization-based photonic microwave phase shifters[J]. IEEE Journal of Quantum Electronics, 2018, 54(4): 1-12.

[86] 陈阳. 微波和毫米波信号光学产生及传输技术研究[D]. 西安电子科技大学，2014.

[87] HUANG L, LI R, CHEN D, et al. Photonic Downconversion of RF Signals With Improved Conversion Efficiency and SFDR[J]. IEEE Photonics Technology Letters, 2016, 28(8): 880-883.

[88] MARPAUNG D. High dynamic range analog photonic links: design and implementation [M]. University of Twente, 2009.

[89] ZHOU Q, CROSS A S, BELING A, et al. High-power v-band InGaAs/InP photodiodes [J]. IEEE Photonics Technology Letters, 2013, 25(10): 907-909.

[90] HOWERTON M, MOELLER R, Gopalakrishnan G, et al. Low-biased fiber-optic link for microwave downconversion [J]. IEEE Photonics Technology Letters, 1996, 8(12): 1692-1694.

[91] FARWELL M, CHANG W, HUBER D. Increased linear dynamic range by low biasing the Mach-Zehnder modulator[J]. IEEE Photonics Technology Letters, 1993, 5(7): 779-782.

[92] ZHOU P, LI N, PAN S. Photonic microwave harmonic down-converter based on stabilized period-one nonlinear dynamics of semiconductor lasers[J]. Optics Letters, 2019, 44(19): 4869.

[93] URICK V, GODINEZ M, DEVGAN P, et al. Analysis of an analog fiber-optic link employing a low-biased Mach-Zehnder modulator followed by an Erbium-Doped fiber amplifier[J]. Journal of Lightwave Technology, 2009, 27(12): 2013-2019.

[94] JASON D, ADIL K. Optimization of an externally modulated rf photonic link [J]. Fiber & Integrated Optics, 2007, 27(1): 7-14.

[95] ONORI D, GHELFI P, AZANA J, et al. A 0－40 GHz RF Tunable Receiver Based on Photonic Direct Conversion and Digital Feed-Forward Lasers Noise Cancellation[J]. Journal of Lightwave Technology, 2018, 36(19): 4423-4429.

[96] ZHANG Y, WU H, ZHU D, et al. An optically controlled phased array antenna based on single sideband polarization modulation[J]. Optics Express, 2014,22(4): 3761-3765.

[97] LIN T, ZHAO S H, ZHU Z H, et al. Generation of flat optical frequency comb based on a DP-QPSK modulator[J]. IEEE Photonics Technology Letters, 2016, 29(1): 146-149.

[98] 蔡亚君. 小型化飞秒光纤光频梳及波长变换关键技术研究[D]. 中国科学院大学，2020.

[90]   SEFLER G A. Frequency comb generation by four-wave mixing and the role of fiber dispersion[J]. Journal of Lightwave Technology, 1998, 16(9): 1596-1605.

[100] SONG M, TORRES V, METCALF A J, et al. Multitap microwave photonic filters with programmable phase response via optical frequency comb shaping[J]. Optics Letters, 2012, 37(5): 845-847.

[101] YANG T, DONG J J, LIAO S S, et al. Comparison analysis of optical frequency comb generation with nonlinear effects in highly nonlinear fibers[J]. Optics Express, 2013, 21(7): 8508-8520.

[102] JUNG H, XIONG C, FONG K Y, et al. Optical frequency comb generation from aluminum nitride microring resonator[J]. Optics Letters, 2013, 38(15): 2810-2813.

[103] DELHAYE P, SCHLIESSER A, ARCIZET O, et al. Optical frequency comb generation from a monolithic microresonator[J]. Nature, 2007, 450(7173): 1214-1217.

[104] CHEN C, ZHANG F, PAN S. Generation of seven-line optical frequency comb based on a single polarization modulator[J]. IEEE Photonics Technology Letters, 2013, 25(22): 2164-2166.

[105] WANG Q, HUO L, XING Y, et al. Ultra-flat optical frequency comb generator using a single-driven dual-parallel Mach-Zehnder modulator[J]. Optics Letters, 2014, 39(10): 3050-3053.

[106] SAKAMOTO T, KAWANISHI T, IZUTSU M. Asymptotic formalism for ultraflat optical frequency comb generation using a Mach-Zehnder modulator[J]. Optics Letters, 2007, 32(11): 1515-1517.

[107] HE C, PAN S L, GUO R H, et al. Ultraflat optical frequency comb generated based on cascaded polarization modulators[J]. Optics Letters, 2012, 37(18): 3834-3836.

[108] ZHANG X, ZHANG J H, JIANG T, et al. Sub-100 fs all-fiber broadband electro-optic optical frequency comb at 1.5 μm[J]. Optics Express, 2020, 28(23): 34761-34771.

[109] ZHU D, CHEN Z, CHEN W, et al. Thirteen coherent comb lines generated by a single integrated modulator[J]. Optical engineering, 2018, 57(2): 026116.1-026116.5.

[110] ZHANG J, CHAN E, WANG X, et al. High conversion efficiency photonic microwave mixer with image rejection capability[J]. IEEE Photonics Journal, 2016, 8(4): 1-11.

[111] WENG B, CHEN Y, et al. Photonic-assisted wideband frequency downconverter with self-interference cancellation and image rejection[J]. Applied optics, 2019, 58(13): 3539-3547.

[112] 郑月，李建强，吕强，等. 基于微波光子的宽带 I/Q 混频技术[J].无线电工程, 2016, 46(09)：20-23.

[113] SHI J, ZHANG F, BEN D, et al. Wideband Microwave Phase Noise Analyzer based on an All-optical Microwave I/Q Mixer[J]. Journal of Lightwave Technology, 2018, 36(19): 4319-4325.

[114] ZHANG F, SHI J, PAN S. Wideband microwave phase noise measurement based on photonic-assisted I/Q mixing and digital phase demodulation[J]. Optics Express, 2017, 25(19): 22760.

[115] LI F, LI Z, ZOU D, et al. Optical I/Q modulation utilizing dual-drive MZM for fiber-wireless integration system at Ka-band[J]. Optics Letters, 2019, 44(17): 4235-4238.

[116] GAO Y, WEN A, ZHANG W, et al. Ultra-Wideband Photonic Microwave I/Q Mixer for Zero-IF Receiver[J]. IEEE Transactions on Microwave Theory and Techniques, 2017.

[117] GAO Y, WEN A, WEI C, et al. All-optical, ultra-wideband microwave I/Q mixer and image-reject frequency down-converter[J]. Optics Letters, 2017, 42(6): 1105.

[118] LI X, DENG L, CHEN X, et al. Arbitrary bias point control technique for optical IQ modulator based on dither-correlation detection[J]. Journal of Lightwave Technology, 2018, 36(18): 3824-3836.

[119] PAN S, TANG, et al. A Reconfigurable Photonic Microwave Mixer Using a 90 degrees Optical Hybrid[J]. IEEE Transactions on Microwave Theory and Techniques, 2016, 64(9): 3017-3025.

[120] JIANG W, ZHAO S, TAN Q, et al. Wideband photonic microwave channelization and image-reject down-conversion[J]. Optics Communications, 2019, 445.

[121] TU Z, WEN A, YU G, et al. A Wideband Photonic RF Receiver With Lower IF Frequency Enabled by Kramers – Kronig Detection[J]. Journal of Lightwave Technology, 2019, 37(20): 5309-5316.

[122] XIE X, DAI Y, XU K, et al. Broadband Photonic RF Channelization Based on Coherent Optical Frequency Combs and I/Q Demodulators[J]. Photonics Journal, 2012, 4(4): 1196-1202.

[123] LIU J, LIU A, WU Z, et al. Frequency-demultiplication OEO for stable millimeter-wave signal generation utilizing phase-locked frequency-quadrupling[J]. Optics Express, 2018, 26(21): 27358-27367.

[124] BULL J D, DARCIE T E, ZHANG J, et al. Broadband class-AB microwave-photonic link using polarization modulation [J]. IEEE Photonics Technology Letters, 2006, 18(9): 1073-1075.

[125] LAM D, FARD A M, BUCKLEY B, et al. Digital broadband linearization of optical links [J]. Optics Letters, 2013, 38(4): 446-448.

[126] CUI Y, DAI Y, YIN F, et al. Enhanced spurious-free dynamic range in intensity-modulated analog photonic link using digital postprocessing [J]. IEEE Photonics Journal, 2014, 6(2): 7900608.

[127] ZHU D, CHEN J, PAN S. Multi-octave linearized analog photonic link based on a polarization-multiplexing dual-parallel Mach-Zehnder modulator [J]. Optics Express, 2016, 24(10): 11009-11016.

[128] JIANG W, TAN Q, QIN W, et al. A linearization analog photonic link with high third-order intermodulation distortion suppression based on dual-parallel Mach-Zehnder modulator [J]. IEEE Photonics Journal, 2015, 7(3): 7902208.

[129] ZHU Z, ZHAO S, LI X, et al. Dynamic range improvement for an analog photonic link using an integrated electro-optic dual-polarization modulator [J]. IEEE Photonics Journal, 2016, 8(2): 7903410.

[130] CHEN Z, YAN L, PAN W, et al. SFDR enhancement in analog photonic links by simultaneous compensation for dispersion and nonlinearity.[J]. Optics Express, 2013, 21(18): 20999-21009.

[131] WANG S, GAO Y, WEN A, et al. A microwave photonic link with high spurious-free dynamic range based on a parallel structure[J]. Optoelectronics Letters, 2015, 11(2): 137-140.

[132] ZHU W, ZHAO M, FAN F, et al. Sagnac interferometer-assisted microwave photonic link with improved dynamic range[J]. IEEE Photonics Journal, 2017, 9(2): 1-9.

[133] 陈博，王明军，高永胜. 一种超宽带零中频的微波光子信道化接收机[J]. 光电工程，2020, 47(3): 190650.

[134] DRISTY P, MIKKO V, AMIRREZA S, et al. An mm-Wave CMOS I－Q Subharmonic Resistive Mixer for Wideband Zero-IF Receivers[J]. IEEE Microwave and Wireless Components Letters, 2020, 30(5): 520-523.

[135] VLADIMIR K, CHRISTIAN C. A 4-GHz Low-Power, Multi-User Approximate Zero-IF FM-UWB Transceiver for IoT[J].IEEE Journal of Solid-State Circuits, 2019, 54(9): 2462-2474.

[136] JIANG F, WONG J, LAM H, et al. An optically tunable wideband optoelectronic oscillator based on a bandpass microwave photonic filter[J]. Optics Express, 2013, 21(14): 16381-16389.

[137] TANG H, YU Y, WANG Z, et al. Wideband tunable optoelectronic oscillator based on a microwave photonic filter with an ultra-narrow passband[J]. Optics Letters, 2018, 43(10): 2328-2331.

[138] LI J, YANG S, CHEN H, et al. Hybrid microwave photonic receiver based on integrated tunable bandpass filters[J]. Optics Express, 2021, 29(7): 11084-11093.

[139] YU Y, XU E, DONG J, et al. Switchable microwave photonic filter between high Q bandpass filter and notch filter with flat passband based on phase modulation[J]. Optics Express, 2010, 18(24): 25271-25282.

[140] OU H, CHEN B, FU H, et al. Microwave-photonic frequency doubling utilising phase modulator and fibre Bragg grating[J]. Electronics Letters, 2008, 44(2): 131-132.

[141] XU O, ZHANG J, YAO J. High speed and high resolution interrogation of a fiber Bragg grating sensor based on microwave photonic filtering and chirped microwave pulse compression[J]. Optics Letters, 2017, 41(21): 4859-4862.

[142] ZHU K, CHENG X, ZHAO Z, et al. High-sensitivity, high-resolution polymer fiber Bragg grating humidity sensor harnessing microwave photonic filtering response analysis[J]. Optics Letters, 2020, 45(24): 6603-6606.

[143] WANG Y, CHEN H, CHAN E, et al. Broadband microwave photonic frequency translator with a wide frequency shifting range[J]. Applied Optics, 2020, 59(35): 11130-11136.

[144] EMAMI H, HAJIHASHEMI M, ALAVI S E. Standalone Microwave Photonics Doppler Shift Estimation System[J]. Journal of Lightwave Technology, 2016, 34(15): 3596-3602.